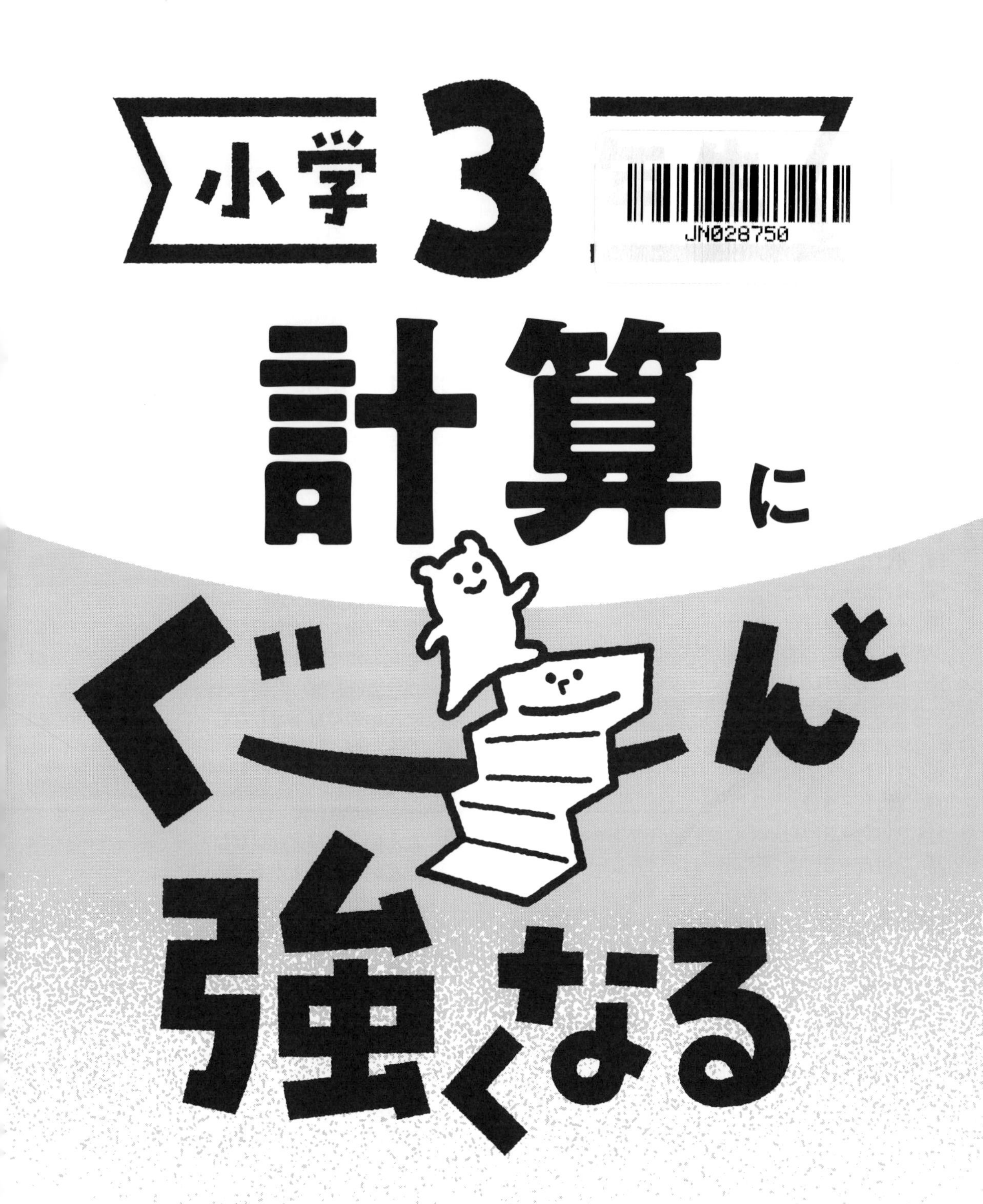

学習指導要領対応

KUMON

もくじ

◆3けたのたし算のひっ算

1 3けた＋1, 2けた

とく点　　点

れい

$$\begin{array}{r} 485 \\ +\quad 6 \\ \hline 491 \end{array} \qquad \begin{array}{r} 13 \\ +147 \\ \hline 160 \end{array}$$

1 つぎの計算をしましょう。〔1 もん　3 点〕

① $\begin{array}{r} 263 \\ +\quad 4 \\ \hline \end{array}$　② $\begin{array}{r} 8 \\ +716 \\ \hline \end{array}$　③ $\begin{array}{r} 9 \\ +503 \\ \hline \end{array}$

④ $\begin{array}{r} 378 \\ +\quad 2 \\ \hline \end{array}$　⑤ $\begin{array}{r} 620 \\ +\quad 5 \\ \hline \end{array}$　⑥ $\begin{array}{r} 3 \\ +907 \\ \hline \end{array}$

2 つぎの計算をしましょう。〔1 もん　3 点〕

① $\begin{array}{r} 614 \\ +\ 37 \\ \hline \end{array}$　② $\begin{array}{r} 90 \\ +305 \\ \hline \end{array}$　③ $\begin{array}{r} 269 \\ +\ 30 \\ \hline \end{array}$

④ $\begin{array}{r} 28 \\ +542 \\ \hline \end{array}$　⑤ $\begin{array}{r} 786 \\ +\ 13 \\ \hline \end{array}$　⑥ $\begin{array}{r} 407 \\ +\ 45 \\ \hline \end{array}$

⑦ $\begin{array}{r} 51 \\ +938 \\ \hline \end{array}$　⑧ $\begin{array}{r} 848 \\ +\ 50 \\ \hline \end{array}$　⑨ $\begin{array}{r} 66 \\ +117 \\ \hline \end{array}$

3 つぎの計算をしましょう。 〔1 もん 4 点〕

① $\begin{array}{r} 748 \\ +\ \ 22 \\ \hline \end{array}$

② $\begin{array}{r} 965 \\ +\ \ \ 7 \\ \hline \end{array}$

③ $\begin{array}{r} 34 \\ +210 \\ \hline \end{array}$

④ $\begin{array}{r} 56 \\ +129 \\ \hline \end{array}$

⑤ $\begin{array}{r} 3 \\ +873 \\ \hline \end{array}$

⑥ $\begin{array}{r} 350 \\ +\ \ 21 \\ \hline \end{array}$

⑦ $\begin{array}{r} 607 \\ +\ \ \ 8 \\ \hline \end{array}$

⑧ $\begin{array}{r} 5 \\ +405 \\ \hline \end{array}$

⑨ $\begin{array}{r} 549 \\ +\ \ 44 \\ \hline \end{array}$

4 つぎの計算をひっ算でしましょう。 〔1 もん 6 点〕

① 804＋53

② 2＋979

5 りえさんの学校には，2 年生が 204 人います。3 年生は 2 年生より 16 人多いそうです。3 年生は何人いますか。 〔7 点〕

しき

答え（　　　　　）

◆3けたのたし算のひっ算

2 3けた＋3けた（くり上がりなし）

とく点　　点

れい

$$\begin{array}{r} 126 \\ +232 \\ \hline 358 \end{array} \qquad \begin{array}{r} 104 \\ +253 \\ \hline 357 \end{array}$$

1 つぎの計算をしましょう。〔1 もん　11 点〕

① $\begin{array}{r} 324 \\ +153 \\ \hline \end{array}$　② $\begin{array}{r} 251 \\ +436 \\ \hline \end{array}$　③ $\begin{array}{r} 609 \\ +270 \\ \hline \end{array}$

④ $\begin{array}{r} 105 \\ +803 \\ \hline \end{array}$　⑤ $\begin{array}{r} 308 \\ +400 \\ \hline \end{array}$　⑥ $\begin{array}{r} 420 \\ +350 \\ \hline \end{array}$

2 つぎの計算をひっ算でしましょう。〔1 もん　11 点〕

① 146＋421　② 270＋515

3 図書室に，物語の本が 235 さつ，でんきの本が 254 さつあります。あわせて何さつありますか。〔12 点〕

しき

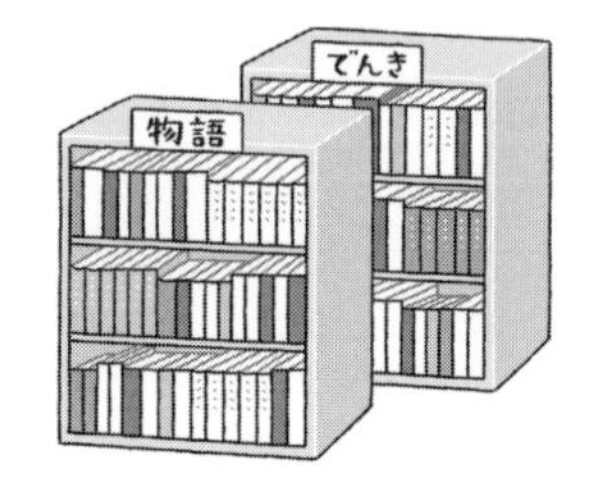

答え（　　　　）

3 3けた＋3けた（十の位へくり上がる）

れい

```
  163      305
+ 228    + 407
  391      712
```

1 つぎの計算をしましょう。〔1 もん 11 点〕

① 316 ＋ 257　② 432 ＋ 349　③ 365 ＋ 508

④ 607 ＋ 263　⑤ 256 ＋ 414　⑥ 509 ＋ 308

2 つぎの計算をひっ算でしましょう。〔1 もん 11 点〕

① 408＋253　② 664＋129

3 きゃくせんにおとなが 434 人，子どもが 349 人のっています。ぜんぶで何人のっていますか。〔12 点〕

しき

答え（　　　　）

◆3けたのたし算のひっ算

4 3けた+2けた（百の位(くらい)へくり上がる）

とく点　　点

れい

```
  154        63
+  73     + 245
  227       308
```

1 つぎの計算をしましょう。〔1もん　10点〕

① 387 + 52　　② 43 + 391　　③ 326 + 81

④ 652 + 60　　⑤ 61 + 275　　⑥ 38 + 370

2 つぎの計算をひっ算でしましょう。〔1もん　10点〕

① 548+81　　② 756+53

③ 90+240　　④ 62+386

5 3けた＋3けた（百の位へくり上がる）

れい

$$\begin{array}{r} 126 \\ +293 \\ \hline 419 \end{array} \qquad \begin{array}{r} 395 \\ +210 \\ \hline 605 \end{array}$$

百の位に１くり上がるよ。

1 つぎの計算をしましょう。〔1 もん　11 点〕

① $\begin{array}{r} 253 \\ +371 \\ \hline \end{array}$　② $\begin{array}{r} 426 \\ +180 \\ \hline \end{array}$　③ $\begin{array}{r} 190 \\ +160 \\ \hline \end{array}$

④ $\begin{array}{r} 335 \\ +493 \\ \hline \end{array}$　⑤ $\begin{array}{r} 270 \\ +537 \\ \hline \end{array}$　⑥ $\begin{array}{r} 661 \\ +174 \\ \hline \end{array}$

2 つぎの計算をひっ算でしましょう。〔1 もん　11 点〕

① 395＋182　② 460＋284

3 きのう，どうぶつ園に来たおとなは 365 人でした。子どもはおとなより 172 人多く来たそうです。子どもは何人来ましたか。〔12 点〕

しき

答え（　　　　）

6 3けた＋1けた（2回くり上がる）

とく点

点

れい

$$\begin{array}{r} 197 \\ +\quad 6 \\ \hline 203 \end{array} \qquad \begin{array}{r} 8 \\ +294 \\ \hline 302 \end{array}$$

十の位（くらい）と百の位（くらい）に
1ずつくり上がるよ。

1 つぎの計算をしましょう。　〔1 もん　10点〕

① $\begin{array}{r} 497 \\ +\quad 5 \\ \hline \end{array}$　② $\begin{array}{r} 6 \\ +298 \\ \hline \end{array}$　③ $\begin{array}{r} 393 \\ +\quad 7 \\ \hline \end{array}$

④ $\begin{array}{r} 4 \\ +699 \\ \hline \end{array}$　⑤ $\begin{array}{r} 8 \\ +394 \\ \hline \end{array}$　⑥ $\begin{array}{r} 595 \\ +\quad 8 \\ \hline \end{array}$

2 つぎの計算をひっ算でしましょう。　〔1 もん　10点〕

① 292＋9　② 6＋495

③ 7＋398　④ 496＋4

7

◆3けたのたし算のひっ算

3けた＋2けた（2回くり上がる）

とく点　　点

れい

```
  247
+  84
-----
  331
```

```
   68
+ 136
-----
  204
```

1 つぎの計算をしましょう。〔１もん　10点〕

① $358 + 94$

② $83 + 267$

③ $45 + 358$

④ $256 + 67$

⑤ $73 + 149$

⑥ $318 + 82$

2 つぎの計算をひっ算でしましょう。〔１もん　10点〕

① 398＋54

② 46＋165

③ 93＋419

④ 506＋94

◆3けたのたし算のひっ算

8 3けた+3けた（2回くり上がる）

とく点　　点

れい

```
  365      258
+ 176    + 149
  541      407
```

1 つぎの計算をしましょう。〔1 もん　5 点〕

① 264 + 158

② 485 + 269

③ 357 + 296

④ 253 + 259

⑤ 348 + 275

⑥ 439 + 371

2 つぎの計算をしましょう。〔1 もん　5 点〕

① 215 + 188

② 304 + 197

③ 136 + 364

3 つぎの計算をひっ算でしましょう。〔1 もん　8 点〕

① 346+176

② 138+467

4 つぎの計算をしましょう。 〔1 もん 5 点〕

① $\begin{array}{r} 327 \\ +495 \\ \hline \end{array}$　② $\begin{array}{r} 268 \\ +334 \\ \hline \end{array}$　③ $\begin{array}{r} 593 \\ +307 \\ \hline \end{array}$

④ $\begin{array}{r} 456 \\ +188 \\ \hline \end{array}$　⑤ $\begin{array}{r} 278 \\ +342 \\ \hline \end{array}$　⑥ $\begin{array}{r} 369 \\ +283 \\ \hline \end{array}$

5 つるを，ひまりさんは165わ，ゆあさんは178わおりました。あわせて何わおりましたか。 〔9 点〕

しき

答え（　　　　）

ひとやすみ

◆むかしの数の数え方

むかしあるところに，ひつじをかっている人がいました。朝，かこいの中にいるひつじの数と同じ数だけ石をあつめます。ひつじの数だけ石があつまると，ひつじをかこいの中から出して広いところであそばせます。

夕方になると，かこいの中にぜんぶのひつじを入れます。

石の数だけひつじがいれば，ひつじはぜんぶいるということがわかります。

1，2，3，4，…という数を知らないむかしの人は，こうしてひつじの数を数えていたのです。

◆3けたのたし算のひっ算

9 3けた+3けた（千の位へくり上がる）

れい

```
  826
+ 352
 1178
```

1 つぎの計算をしましょう。 〔1 もん 10点〕

① 543 + 916

② 752 + 614

③ 360 + 823

④ 615 + 474

⑤ 434 + 801

⑥ 706 + 502

2 つぎの計算をひっ算でしましょう。 〔1 もん 10点〕

① 825+362

② 730+410

③ 453+931

④ 812+586

◆3けたのたし算のひっ算

10 3けた＋3けた（百の位と千の位へくり上がる）

とく点　　点

れい

$$\begin{array}{r} 454 \\ +763 \\ \hline 1217 \end{array}$$

1 つぎの計算をしましょう。〔1もん　10点〕

① $\begin{array}{r} 467 \\ +781 \\ \hline \end{array}$　② $\begin{array}{r} 683 \\ +554 \\ \hline \end{array}$　③ $\begin{array}{r} 843 \\ +793 \\ \hline \end{array}$

④ $\begin{array}{r} 276 \\ +952 \\ \hline \end{array}$　⑤ $\begin{array}{r} 395 \\ +720 \\ \hline \end{array}$　⑥ $\begin{array}{r} 536 \\ +891 \\ \hline \end{array}$

2 つぎの計算をひっ算でしましょう。〔1もん　10点〕

① 675＋863　② 754＋581

③ 486＋933　④ 842＋584

◆3けたのたし算のひっ算

11 3けた＋3けた（3回くり上がる①）

とく点　　点

れい

$$\begin{array}{r} 678 \\ +549 \\ \hline 1227 \end{array}$$

1 つぎの計算をしましょう。〔1もん　11点〕

① $\begin{array}{r} 485 \\ +737 \\ \hline \end{array}$　② $\begin{array}{r} 568 \\ +648 \\ \hline \end{array}$　③ $\begin{array}{r} 869 \\ +571 \\ \hline \end{array}$

④ $\begin{array}{r} 775 \\ +559 \\ \hline \end{array}$　⑤ $\begin{array}{r} 569 \\ +934 \\ \hline \end{array}$　⑥ $\begin{array}{r} 847 \\ +376 \\ \hline \end{array}$

2 つぎの計算をひっ算でしましょう。〔1もん　11点〕

① 587＋749　② 926＋276

3 きのう，はくぶつかんに来たおとなは487人，子どもは638人です。ぜんぶで何人来ましたか。〔12点〕

しき

答え（　　　　）

12 3けた＋1けた（3回くり上がる）

れい

```
 995        8
+  6     +994
1001     1002
```

1 つぎの計算をしましょう。〔1 もん 10点〕

①
```
  993
+   9
```

②
```
  997
+   6
```

③
```
    5
+ 998
```

④
```
    7
+ 999
```

⑤
```
  993
+   8
```

⑥
```
    6
+ 994
```

2 つぎの計算をひっ算でしましょう。〔1 もん 10点〕

① 995＋7

② 8＋996

③ 9＋992

④ 999＋4

13 3けた＋2けた（3回くり上がる）

とく点　　点

れい

```
  967       78
+  58     +925
 1025     1003
```

1 つぎの計算をしましょう。〔1もん　10点〕

① 948 ＋ 76　　② 45 ＋ 969　　③ 917 ＋ 84

④ 975 ＋ 25　　⑤ 69 ＋ 983　　⑥ 55 ＋ 948

2 つぎの計算をひっ算でしましょう。〔1もん　10点〕

① 986＋74　　② 67＋945

③ 83＋948　　④ 965＋39

14 3けた＋3けた（3回くり上がる②）

とく点
点

れい

$$\begin{array}{r} 447 \\ +556 \\ \hline 1003 \end{array}$$

1 つぎの計算をしましょう。〔1 もん　11 点〕

① $\begin{array}{r} 358 \\ +647 \\ \hline \end{array}$　② $\begin{array}{r} 529 \\ +473 \\ \hline \end{array}$　③ $\begin{array}{r} 735 \\ +266 \\ \hline \end{array}$

④ $\begin{array}{r} 296 \\ +708 \\ \hline \end{array}$　⑤ $\begin{array}{r} 137 \\ +863 \\ \hline \end{array}$　⑥ $\begin{array}{r} 614 \\ +389 \\ \hline \end{array}$

2 つぎの計算をひっ算でしましょう。〔1 もん　11 点〕

① 255＋748　② 834＋166

3 あやさんの学校には，低(てい)学年が 497 人，高学年が 504 人います。子どもはぜんぶで何人いますか。〔12 点〕

しき

答え（　　　　）

◆4けたのたし算のひっ算

4けた+1けた

とく点

点

れい

```
  3769        4996
+    5      +    7
  3774        5003
```

1 つぎの計算をしましょう。 〔1 もん 10点〕

```
①  2854     ②     2     ③  7905
 +    3      + 6058      +    6

④  1999     ⑤     5     ⑥     8
 +    9      + 5143      + 8497
```

2 つぎの計算をひっ算でしましょう。 〔1 もん 10点〕

① 1630+5 ② 7+6993

③ 8024+8 ④ 9896+4

◆4けたのたし算のひっ算

16 4けた＋2けた

れい

```
  1768      2495
+   51    +   79
  1819      2574
```

1 つぎの計算をしましょう。〔1 もん 10点〕

```
① 5023    ②   98    ③ 4729
 +  45     +7680     +  83

④   74    ⑤ 1956    ⑥   92
 +3626     +  47     +9008
```

2 つぎの計算をひっ算でしましょう。〔1 もん 10点〕

① 26＋2841　② 6907＋93

③ 8074＋69　④ 30＋5585

17 4けた＋3けた

れい

$$\begin{array}{r} 4517 \\ +\ 342 \\ \hline 4859 \end{array} \qquad \begin{array}{r} 3280 \\ +\ 946 \\ \hline 4226 \end{array}$$

1 つぎの計算をしましょう。〔1 もん　3 点〕

① $\begin{array}{r} 2583 \\ +\ 116 \\ \hline \end{array}$　② $\begin{array}{r} 535 \\ +7462 \\ \hline \end{array}$　③ $\begin{array}{r} 9704 \\ +\ 263 \\ \hline \end{array}$

④ $\begin{array}{r} 936 \\ +1057 \\ \hline \end{array}$　⑤ $\begin{array}{r} 392 \\ +8460 \\ \hline \end{array}$　⑥ $\begin{array}{r} 6305 \\ +\ 740 \\ \hline \end{array}$

2 つぎの計算をしましょう。〔1 もん　3 点〕

① $\begin{array}{r} 3347 \\ +\ 285 \\ \hline \end{array}$　② $\begin{array}{r} 793 \\ +5148 \\ \hline \end{array}$　③ $\begin{array}{r} 4915 \\ +\ 467 \\ \hline \end{array}$

④ $\begin{array}{r} 1680 \\ +\ 356 \\ \hline \end{array}$　⑤ $\begin{array}{r} 679 \\ +4524 \\ \hline \end{array}$　⑥ $\begin{array}{r} 137 \\ +7894 \\ \hline \end{array}$

⑦ $\begin{array}{r} 756 \\ +6358 \\ \hline \end{array}$　⑧ $\begin{array}{r} 8726 \\ +\ 595 \\ \hline \end{array}$　⑨ $\begin{array}{r} 2719 \\ +\ 991 \\ \hline \end{array}$

3 つぎの計算をしましょう。 〔1 もん　4 点〕

① $\begin{array}{r} 532 \\ +1460 \\ \hline \end{array}$　② $\begin{array}{r} 6841 \\ +\ \ 159 \\ \hline \end{array}$　③ $\begin{array}{r} 7020 \\ +\ \ 888 \\ \hline \end{array}$

④ $\begin{array}{r} 209 \\ +3845 \\ \hline \end{array}$　⑤ $\begin{array}{r} 4653 \\ +\ \ 798 \\ \hline \end{array}$　⑥ $\begin{array}{r} 362 \\ +9514 \\ \hline \end{array}$

⑦ $\begin{array}{r} 2056 \\ +\ \ 974 \\ \hline \end{array}$　⑧ $\begin{array}{r} 866 \\ +1237 \\ \hline \end{array}$　⑨ $\begin{array}{r} 5105 \\ +\ \ 898 \\ \hline \end{array}$

4 つぎの計算をひっ算でしましょう。 〔1 もん　6 点〕

① 8971＋246　　② 350＋7850

5 あるえきで，1日にのりおりした人の数は，子どもが4754人でした。おとなは子どもより869人多かったそうです。おとなは，何人がのりおりしましたか。 〔7 点〕

しき

答え（　　　　）

◆4けたのたし算のひっ算

18 4けた+4けた

とく点

点

れい

3416 +2381 5797	5652 +4239 9891

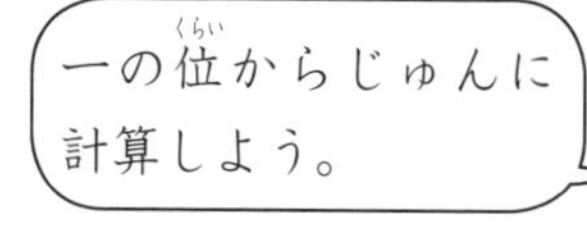

1 つぎの計算をしましょう。 〔1 もん　3 点〕

① 4621 + 3248

② 2436 + 4253

③ 5374 + 1205

④ 6642 + 3082

⑤ 5870 + 2604

⑥ 3048 + 3091

2 つぎの計算をしましょう。 〔1 もん　3 点〕

① 3364 + 2587

② 2389 + 5437

③ 4603 + 1758

④ 6649 + 3056

⑤ 5031 + 2975

⑥ 2586 + 4416

⑦ 5393 + 2748

⑧ 2865 + 2675

⑨ 3714 + 4598

3 つぎの計算をしましょう。〔1 もん　4 点〕

① 　2483
＋5612

② 　4760
＋1037

③ 　3605
＋2009

④ 　1976
＋6128

⑤ 　7521
＋2395

⑥ 　5076
＋3406

⑦ 　3343
＋4877

⑧ 　2315
＋6284

⑨ 　4021
＋3979

4 つぎの計算をひっ算でしましょう。〔1 もん　6 点〕

① 5492＋3508　　② 1764＋7859

5 ある町の人数は，おとなは4763人，子どもは4296人です。この町ぜん体の人数は何人ですか。〔7 点〕

しき

答え（　　　　）

19 まとめのれんしゅう

とく点
点

1 つぎの計算をしましょう。 〔1 もん 3 点〕

① $\begin{array}{r} 547 \\ +\ \ 78 \\ \hline \end{array}$

② $\begin{array}{r} 62 \\ +295 \\ \hline \end{array}$

③ $\begin{array}{r} 304 \\ +\ \ 97 \\ \hline \end{array}$

④ $\begin{array}{r} 86 \\ +420 \\ \hline \end{array}$

⑤ $\begin{array}{r} 372 \\ +\ \ 49 \\ \hline \end{array}$

⑥ $\begin{array}{r} 67 \\ +536 \\ \hline \end{array}$

2 つぎの計算をしましょう。 〔1 もん 3 点〕

① $\begin{array}{r} 274 \\ +283 \\ \hline \end{array}$

② $\begin{array}{r} 617 \\ +380 \\ \hline \end{array}$

③ $\begin{array}{r} 324 \\ +159 \\ \hline \end{array}$

④ $\begin{array}{r} 169 \\ +252 \\ \hline \end{array}$

⑤ $\begin{array}{r} 548 \\ +157 \\ \hline \end{array}$

⑥ $\begin{array}{r} 266 \\ +243 \\ \hline \end{array}$

3 つぎの計算をしましょう。 〔1 もん 3 点〕

① $\begin{array}{r} 518 \\ +723 \\ \hline \end{array}$

② $\begin{array}{r} 653 \\ +862 \\ \hline \end{array}$

③ $\begin{array}{r} 957 \\ +\ \ 85 \\ \hline \end{array}$

④ $\begin{array}{r} 9 \\ +994 \\ \hline \end{array}$

⑤ $\begin{array}{r} 759 \\ +486 \\ \hline \end{array}$

⑥ $\begin{array}{r} 364 \\ +637 \\ \hline \end{array}$

4 つぎの計算をしましょう。〔1 もん　3 点〕

① $\begin{array}{r} 3576 \\ +\,2943 \\ \hline \end{array}$　② $\begin{array}{r} 2190 \\ +\,4209 \\ \hline \end{array}$　③ $\begin{array}{r} 6354 \\ +\,486 \\ \hline \end{array}$

④ $\begin{array}{r} 80 \\ +\,4184 \\ \hline \end{array}$　⑤ $\begin{array}{r} 549 \\ +\,4757 \\ \hline \end{array}$　⑥ $\begin{array}{r} 8932 \\ +\,68 \\ \hline \end{array}$

5 つぎの計算をしましょう。〔1 もん　3 点〕

① $\begin{array}{r} 267 \\ +\,495 \\ \hline \end{array}$　② $\begin{array}{r} 596 \\ +\,7 \\ \hline \end{array}$　③ $\begin{array}{r} 722 \\ +\,279 \\ \hline \end{array}$

④ $\begin{array}{r} 68 \\ +\,345 \\ \hline \end{array}$　⑤ $\begin{array}{r} 8943 \\ +\,169 \\ \hline \end{array}$　⑥ $\begin{array}{r} 436 \\ +\,256 \\ \hline \end{array}$

⑦ $\begin{array}{r} 6652 \\ +\,2368 \\ \hline \end{array}$　⑧ $\begin{array}{r} 438 \\ +\,823 \\ \hline \end{array}$

6 560 円のふでばこと 495 円の色えんぴつを買います。何円はらえばよいでしょうか。〔4 点〕

しき

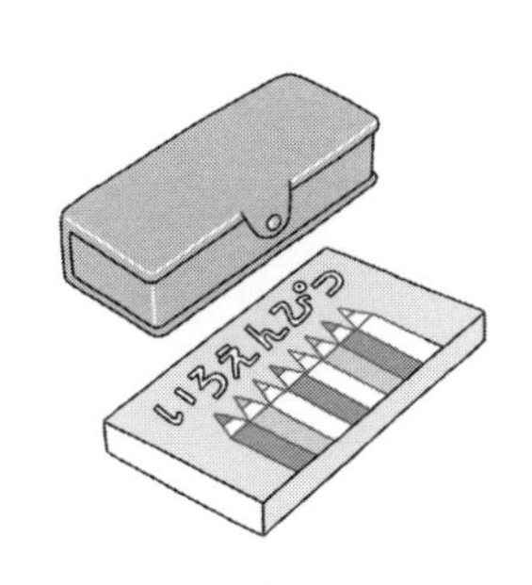

答え（　　　　　）

◆3けたのひき算のひっ算

20 3けた−1, 2けた

とく点

点

れい

```
  435      287
−   6    −  19
  429      268
```

1 つぎの計算をしましょう。 〔1 もん 3 点〕

① $526 - 4$

② $190 - 5$

③ $362 - 7$

④ $788 - 8$

⑤ $413 - 6$

⑥ $904 - 3$

2 つぎの計算をしましょう。 〔1 もん 3 点〕

① $259 - 52$

② $631 - 19$

③ $876 - 67$

④ $485 - 70$

⑤ $360 - 45$

⑥ $542 - 38$

⑦ $794 - 84$

⑧ $926 - 26$

⑨ $153 - 47$

3 つぎの計算をしましょう。〔1 もん 4 点〕

① $\begin{array}{r} 880 \\ -\ \ 71 \\ \hline \end{array}$

② $\begin{array}{r} 326 \\ -\ \ 14 \\ \hline \end{array}$

③ $\begin{array}{r} 650 \\ -\ \ \ 8 \\ \hline \end{array}$

④ $\begin{array}{r} 974 \\ -\ \ 65 \\ \hline \end{array}$

⑤ $\begin{array}{r} 293 \\ -\ \ \ 3 \\ \hline \end{array}$

⑥ $\begin{array}{r} 466 \\ -\ \ 62 \\ \hline \end{array}$

⑦ $\begin{array}{r} 535 \\ -\ \ \ 9 \\ \hline \end{array}$

⑧ $\begin{array}{r} 140 \\ -\ \ 26 \\ \hline \end{array}$

⑨ $\begin{array}{r} 777 \\ -\ \ 57 \\ \hline \end{array}$

4 つぎの計算をひっ算でしましょう。〔1 もん 6 点〕

① 615−7

② 432−18

5 画用紙が 163 まいあります。58 まいつかうと，のこりは何まいですか。〔7 点〕

しき

答え（　　　　）

21 3けたー3けた（くり下がりなし）

とく点

点

れい

368 −146 222	126 −114 12

1 つぎの計算をしましょう。〔1もん 11点〕

① 467 − 142

② 563 − 260

③ 345 − 105

④ 284 − 263

⑤ 783 − 781

⑥ 579 − 529

2 つぎの計算をひっ算でしましょう。〔1もん 11点〕

① 448−216

② 397−347

3 ぼくじょうに，牛が208とう，馬が104といます。ちがいは何とうですか。〔12点〕

しき

答え（　　　　）

22 3けた－3けた（十の位からくり下がる）

れい

$$\begin{array}{r} 353 \\ -147 \\ \hline 206 \end{array} \qquad \begin{array}{r} 345 \\ -327 \\ \hline 18 \end{array}$$

十の位から１くり下げて計算するよ。

1 つぎの計算をしましょう。〔1 もん　10 点〕

① $\begin{array}{r} 483 \\ -245 \\ \hline \end{array}$　② $\begin{array}{r} 611 \\ -307 \\ \hline \end{array}$　③ $\begin{array}{r} 740 \\ -416 \\ \hline \end{array}$

④ $\begin{array}{r} 582 \\ -547 \\ \hline \end{array}$　⑤ $\begin{array}{r} 350 \\ -324 \\ \hline \end{array}$　⑥ $\begin{array}{r} 461 \\ -453 \\ \hline \end{array}$

2 つぎの計算をひっ算でしましょう。〔1 もん　10 点〕

① 428－309　② 360－143

③ 980－972　④ 874－838

◆3けたのひき算のひっ算

23 3けた－2けた（百の位（くらい）から くり下がる）

とく点

点

れい

```
  348      209
-  73    -  54
  275      155
```

1 つぎの計算をしましょう。〔1 もん 10点〕

① 356 − 94

② 639 − 76

③ 420 − 60

④ 504 − 20

⑤ 475 − 82

⑥ 657 − 97

2 つぎの計算をひっ算でしましょう。〔1 もん 10点〕

① 375−92

② 806−43

③ 770−80

④ 229−49

24 3けた－3けた（百の位から くり下がる）

とく点　　点

れい

$$\begin{array}{r} 326 \\ -\ 154 \\ \hline 172 \end{array} \qquad \begin{array}{r} 329 \\ -\ 247 \\ \hline 82 \end{array}$$

1 つぎの計算をしましょう。〔1 もん　11 点〕

① $\begin{array}{r} 547 \\ -\ 263 \\ \hline \end{array}$　② $\begin{array}{r} 625 \\ -\ 370 \\ \hline \end{array}$　③ $\begin{array}{r} 806 \\ -\ 570 \\ \hline \end{array}$

④ $\begin{array}{r} 429 \\ -\ 351 \\ \hline \end{array}$　⑤ $\begin{array}{r} 507 \\ -\ 494 \\ \hline \end{array}$　⑥ $\begin{array}{r} 253 \\ -\ 173 \\ \hline \end{array}$

2 つぎの計算をひっ算でしましょう。〔1 もん　11 点〕

① 525－465　② 907－382

3 660 このパンをやきました。そのうち，580 こが売れました。パンはあと何このこっていますか。〔12 点〕

しき

答え（　　　　）

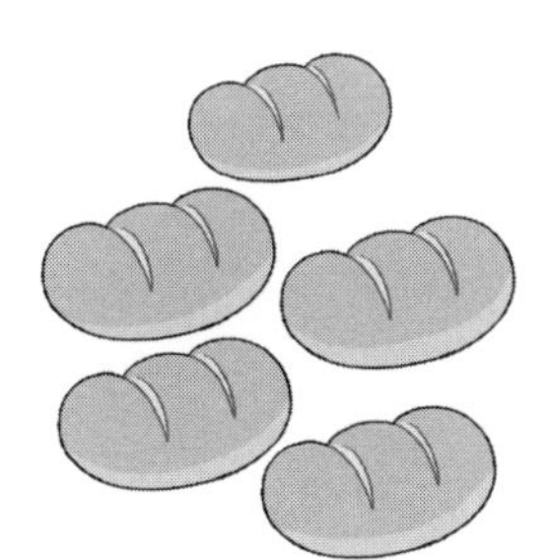

◆3けたのひき算のひっ算

25 3けた－2けた（2回くり下がる①）

とく点
点

れい

$$\begin{array}{r} 345 \\ -\ 78 \\ \hline 267 \end{array}$$

十の位（くらい）と百の位（くらい）から１ずつくり下げて計算するよ。

1 つぎの計算をしましょう。〔1 もん　10 点〕

① $\begin{array}{r} 543 \\ -\ 65 \\ \hline \end{array}$　② $\begin{array}{r} 427 \\ -\ 59 \\ \hline \end{array}$　③ $\begin{array}{r} 650 \\ -\ 86 \\ \hline \end{array}$

④ $\begin{array}{r} 234 \\ -\ 98 \\ \hline \end{array}$　⑤ $\begin{array}{r} 317 \\ -\ 89 \\ \hline \end{array}$　⑥ $\begin{array}{r} 711 \\ -\ 94 \\ \hline \end{array}$

2 つぎの計算をひっ算でしましょう。〔1 もん　10 点〕

① 415－68　② 650－74

③ 560－61　④ 743－45

26 ◆3けたのひき算のひっ算
3けたー3けた（2回くり下がる①）

とく点　　点

れい

```
  453        231
－168      －145
  285         86
```

1 つぎの計算をしましょう。〔1 もん　11 点〕

① $542 - 286$　② $620 - 365$　③ $324 - 129$

④ $453 - 368$　⑤ $540 - 482$　⑥ $411 - 387$

2 つぎの計算をひっ算でしましょう。〔1 もん　11 点〕

① 710－646　② 914－288

3 きのう，どうぶつ園におとなと子どもがあわせて 643 人来ました。そのうち，おとなは 295 人だそうです。子どもは何人来ましたか。〔12 点〕

しき

答え（　　　　）

◆3けたのひき算のひっ算

27 3けた－1けた（2回くり下がる）

とく点　　点

れい

$$\begin{array}{r} 205 \\ -\quad 8 \\ \hline 197 \end{array} \qquad \begin{array}{r} 300 \\ -\quad 4 \\ \hline 296 \end{array}$$

1 つぎの計算をしましょう。〔1もん　10点〕

① $\begin{array}{r} 302 \\ -\quad 4 \\ \hline \end{array}$　② $\begin{array}{r} 608 \\ -\quad 9 \\ \hline \end{array}$　③ $\begin{array}{r} 504 \\ -\quad 7 \\ \hline \end{array}$

④ $\begin{array}{r} 401 \\ -\quad 6 \\ \hline \end{array}$　⑤ $\begin{array}{r} 200 \\ -\quad 8 \\ \hline \end{array}$　⑥ $\begin{array}{r} 900 \\ -\quad 3 \\ \hline \end{array}$

2 つぎの計算をひっ算でしましょう。〔1もん　10点〕

① 701－4　② 800－7

③ 600－6　④ 505－8

28 ◆3けたのひき算のひっ算
3けた－2けた（2回くり下がる②）

とく点　　点

れい

```
  405      304
−  27    −  96
  378      208
```

1 つぎの計算をしましょう。〔1 もん　10点〕

① 703 − 67

② 502 − 85

③ 204 − 86

④ 605 − 98

⑤ 400 − 54

⑥ 300 − 79

2 つぎの計算をひっ算でしましょう。〔1 もん　10点〕

① 407－29

② 903－78

③ 800－91

④ 203－94

◆3けたのひき算のひっ算

29 3けた－3けた（2回くり下がる②）

とく点　　点

れい

$$\begin{array}{r} 604 \\ -256 \\ \hline 348 \end{array} \qquad \begin{array}{r} 402 \\ -356 \\ \hline 46 \end{array}$$

1 つぎの計算をしましょう。〔1もん　11点〕

① $\begin{array}{r} 502 \\ -248 \\ \hline \end{array}$　② $\begin{array}{r} 600 \\ -145 \\ \hline \end{array}$　③ $\begin{array}{r} 305 \\ -109 \\ \hline \end{array}$

④ $\begin{array}{r} 807 \\ -749 \\ \hline \end{array}$　⑤ $\begin{array}{r} 400 \\ -317 \\ \hline \end{array}$　⑥ $\begin{array}{r} 605 \\ -596 \\ \hline \end{array}$

2 つぎの計算をひっ算でしましょう。〔1もん　11点〕

① 904－669　② 303－295

3 赤い色紙が205まい，青い色紙が148まいあります。赤い色紙と青い色紙の数のちがいは何まいですか。〔12点〕

しき

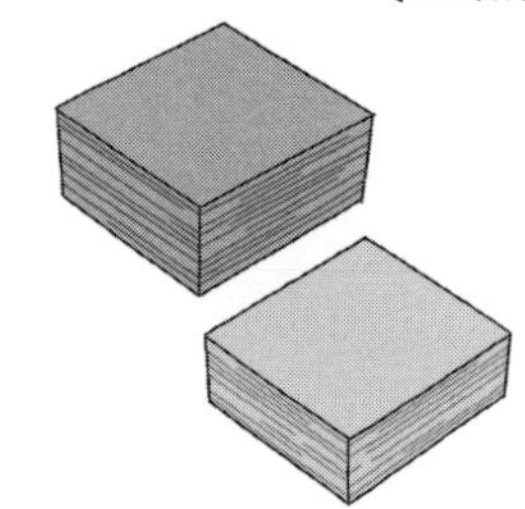

答え（　　　　　）

◆4けたのひき算のひっ算

30 4けた－3けた（千の位(くらい)からくり下がる）

れい

$$\begin{array}{r} 1457 \\ -\ 632 \\ \hline 825 \end{array} \qquad \begin{array}{r} 2087 \\ -\ 943 \\ \hline 1144 \end{array}$$

百の位(くらい)の計算は，千の位(くらい)から１くり下げるよ。

1 つぎの計算をしましょう。〔1 もん　10点〕

① $\begin{array}{r} 1265 \\ -\ 723 \\ \hline \end{array}$　② $\begin{array}{r} 1694 \\ -\ 851 \\ \hline \end{array}$　③ $\begin{array}{r} 1076 \\ -\ 654 \\ \hline \end{array}$

④ $\begin{array}{r} 5437 \\ -\ 523 \\ \hline \end{array}$　⑤ $\begin{array}{r} 3380 \\ -\ 520 \\ \hline \end{array}$　⑥ $\begin{array}{r} 9594 \\ -\ 831 \\ \hline \end{array}$

2 つぎの計算をひっ算でしましょう。〔1 もん　10点〕

① 1360－730　② 4184－652

③ 6078－943　④ 1456－834

◆4けたのひき算のひっ算

31 4けた−3けた（十の位，千の位からくり下がる）

とく点　　点

れい

```
  1062      5265
−  943    −  627
   119      4638
```

1 つぎの計算をしましょう。〔1もん　10点〕

① $1342 - 514$

② $1473 - 865$

③ $1056 - 918$

④ $2291 - 456$

⑤ $8035 - 619$

⑥ $4594 - 837$

2 つぎの計算をひっ算でしましょう。〔1もん　10点〕

① 5276−849

② 3084−966

③ 1452−618

④ 1395−748

◆4けたのひき算のひっ算

32 4けた－3けた（百の位（くらい），千の位（くらい）からくり下がる）

とく点　　点

れい

$$\begin{array}{r} 1503 \\ -\ 731 \\ \hline 772 \end{array} \qquad \begin{array}{r} 3065 \\ -\ 982 \\ \hline 2083 \end{array}$$

1 つぎの計算をしましょう。〔1 もん　10点〕

① $\begin{array}{r} 1327 \\ -\ 643 \\ \hline \end{array}$　② $\begin{array}{r} 1308 \\ -\ 573 \\ \hline \end{array}$　③ $\begin{array}{r} 1029 \\ -\ 982 \\ \hline \end{array}$

④ $\begin{array}{r} 6436 \\ -\ 763 \\ \hline \end{array}$　⑤ $\begin{array}{r} 4308 \\ -\ 573 \\ \hline \end{array}$　⑥ $\begin{array}{r} 5040 \\ -\ 960 \\ \hline \end{array}$

2 つぎの計算をひっ算でしましょう。〔1 もん　10点〕

① 2024－953　② 1254－590

③ 1245－254　④ 9439－857

◆4けたのひき算のひっ算

33 4けた－3けた（3回くり下がる①）

とく点　　点

れい

$$\begin{array}{r} 4263 \\ -\ \ 385 \\ \hline 3878 \end{array} \qquad \begin{array}{r} 1052 \\ -\ \ 963 \\ \hline 89 \end{array}$$

1 つぎの計算をしましょう。〔1もん　10点〕

① $\begin{array}{r} 1452 \\ -\ \ 868 \\ \hline \end{array}$　② $\begin{array}{r} 1247 \\ -\ \ 268 \\ \hline \end{array}$　③ $\begin{array}{r} 1015 \\ -\ \ 947 \\ \hline \end{array}$

④ $\begin{array}{r} 7230 \\ -\ \ 564 \\ \hline \end{array}$　⑤ $\begin{array}{r} 2342 \\ -\ \ 389 \\ \hline \end{array}$　⑥ $\begin{array}{r} 3030 \\ -\ \ 985 \\ \hline \end{array}$

2 つぎの計算をひっ算でしましょう。〔1もん　10点〕

① 1204－637　② 8054－986

③ 1530－564　④ 4472－875

◆4けたのひき算のひっ算

34 4けた－1けた（3回くり下がる）

とく点　　点

れい

$$\begin{array}{r} 1004 \\ -\quad 9 \\ \hline 995 \end{array} \qquad \begin{array}{r} 9003 \\ -\quad 5 \\ \hline 8998 \end{array}$$

千の位(くらい)から１ずつくり下げて計算するよ。

1 つぎの計算をしましょう。〔1 もん 10点〕

① $\begin{array}{r} 1005 \\ -\quad 7 \\ \hline \end{array}$　② $\begin{array}{r} 1001 \\ -\quad 8 \\ \hline \end{array}$　③ $\begin{array}{r} 1000 \\ -\quad 4 \\ \hline \end{array}$

④ $\begin{array}{r} 6006 \\ -\quad 9 \\ \hline \end{array}$　⑤ $\begin{array}{r} 5004 \\ -\quad 5 \\ \hline \end{array}$　⑥ $\begin{array}{r} 2000 \\ -\quad 6 \\ \hline \end{array}$

2 つぎの計算をひっ算でしましょう。〔1 もん 10点〕

① 4003－8　② 1004－6

③ 8000－7　④ 1002－9

◆4けたのひき算のひっ算

35 4けた－2けた（3回くり下がる）

とく点　　点

れい

```
  1002      6000
－  57    －  48
   945      5952
```

1 つぎの計算をしましょう。〔1 もん　10点〕

```
① 1004   ② 1002   ③ 1000
 －  68   －  75   －  47

④ 2001   ⑤ 8003   ⑥ 3004
 －  96   －  55   －  89
```

2 つぎの計算をひっ算でしましょう。〔1 もん　10点〕

① 1005－78　　② 7000－86

③ 1002－47　　④ 6006－99

◆4けたのひき算のひっ算

36 4けた－3けた（3回くり下がる②）

とく点　　点

れい

```
  1002       2002
－ 364     － 964
  638       1038
```

千の位から1ずつくり下げて計算するよ。

1 つぎの計算をしましょう。〔1もん　11点〕

① $1004 - 546$

② $1000 - 439$

③ $1002 - 948$

④ $5003 - 685$

⑤ $9005 - 788$

⑥ $3000 - 995$

2 つぎの計算をひっ算でしましょう。〔1もん　11点〕

① 4002－584

② 1006－929

3 かんなさんは1000円もっていました。きょう，465円のおかしを買いました。のこっているお金は何円ですか。〔12点〕

しき

答え（　　　　）

◆4けたのひき算のひっ算

37 4けた－4けた

とく点　　点

れい

```
  6478      3519
－2315    －1760
  4163      1759
```

一の位（くらい）からじゅんに計算しよう。

1 つぎの計算をしましょう。〔1 もん　3 点〕

① 5296 － 3175

② 7881 － 4561

③ 9543 － 1022

④ 8457 － 8137

⑤ 4509 － 3506

⑥ 2374 － 2362

2 つぎの計算をしましょう。〔1 もん　3 点〕

① 8635 － 3217

② 4715 － 3461

③ 9301 － 4192

④ 7584 － 3621

⑤ 6219 － 4386

⑥ 5004 － 1765

⑦ 3630 － 2953

⑧ 2101 － 1954

⑨ 7006 － 6938

3 つぎの計算をしましょう。 〔1 もん 4 点〕

① 9745 − 6805

② 2418 − 2205

③ 7653 − 5788

④ 3260 − 1167

⑤ 4427 − 3909

⑥ 8061 − 7997

⑦ 1453 − 1445

⑧ 6705 − 2005

⑨ 5004 − 4876

4 つぎの計算をひっ算でしましょう。 〔1 もん 6 点〕

① 6000−2430　　② 5273−3406

5 ゆうまさんの市の小学生は，高学年が 3824 人で，低（てい）学年が 3678 人だそうです。高学年と低（てい）学年の人数のちがいは何人ですか。 〔7 点〕

しき

答え（　　　　）

◆ひき算のひっ算

38 まとめのれんしゅう

とく点

点

1 つぎの計算をしましょう。 〔1 もん 2 点〕

① $\begin{array}{r} 392 \\ -\ \ 58 \\ \hline \end{array}$ ② $\begin{array}{r} 543 \\ -\ \ 13 \\ \hline \end{array}$ ③ $\begin{array}{r} 412 \\ -\ \ 71 \\ \hline \end{array}$

④ $\begin{array}{r} 607 \\ -\ \ 78 \\ \hline \end{array}$ ⑤ $\begin{array}{r} 204 \\ -\ \ \ 9 \\ \hline \end{array}$ ⑥ $\begin{array}{r} 765 \\ -\ \ 86 \\ \hline \end{array}$

2 つぎの計算をしましょう。 〔1 もん 3 点〕

① $\begin{array}{r} 887 \\ -479 \\ \hline \end{array}$ ② $\begin{array}{r} 725 \\ -653 \\ \hline \end{array}$ ③ $\begin{array}{r} 642 \\ -301 \\ \hline \end{array}$

④ $\begin{array}{r} 900 \\ -796 \\ \hline \end{array}$ ⑤ $\begin{array}{r} 404 \\ -327 \\ \hline \end{array}$ ⑥ $\begin{array}{r} 310 \\ -158 \\ \hline \end{array}$

3 つぎの計算をしましょう。 〔1 もん 3 点〕

① $\begin{array}{r} 1246 \\ -\ \ 503 \\ \hline \end{array}$ ② $\begin{array}{r} 3301 \\ -\ \ 415 \\ \hline \end{array}$ ③ $\begin{array}{r} 1008 \\ -\ \ 254 \\ \hline \end{array}$

④ $\begin{array}{r} 5727 \\ -\ \ \ 58 \\ \hline \end{array}$ ⑤ $\begin{array}{r} 2456 \\ -\ \ 989 \\ \hline \end{array}$ ⑥ $\begin{array}{r} 8002 \\ -\ \ \ \ 3 \\ \hline \end{array}$

4 つぎの計算をしましょう。 〔1 もん 3 点〕

① $\begin{array}{r} 4235 \\ -1715 \\ \hline \end{array}$

② $\begin{array}{r} 7640 \\ -5863 \\ \hline \end{array}$

③ $\begin{array}{r} 2243 \\ -2050 \\ \hline \end{array}$

④ $\begin{array}{r} 5906 \\ -4177 \\ \hline \end{array}$

⑤ $\begin{array}{r} 3000 \\ -2815 \\ \hline \end{array}$

⑥ $\begin{array}{r} 6621 \\ -3974 \\ \hline \end{array}$

5 つぎの計算をしましょう。 〔1 もん 3 点〕

① $\begin{array}{r} 230 \\ -105 \\ \hline \end{array}$

② $\begin{array}{r} 8146 \\ -5349 \\ \hline \end{array}$

③ $\begin{array}{r} 927 \\ -\quad 99 \\ \hline \end{array}$

④ $\begin{array}{r} 1035 \\ -\quad 776 \\ \hline \end{array}$

⑤ $\begin{array}{r} 954 \\ -879 \\ \hline \end{array}$

⑥ $\begin{array}{r} 2014 \\ -1957 \\ \hline \end{array}$

⑦ $\begin{array}{r} 1002 \\ -\qquad 4 \\ \hline \end{array}$

⑧ $\begin{array}{r} 651 \\ -176 \\ \hline \end{array}$

⑨ $\begin{array}{r} 806 \\ -\quad 21 \\ \hline \end{array}$

6 今年，ある町にすんでいる人の数をしらべたら，ぜんぶで 8406 人でした。これは，きょ年より 698 人多いそうです。きょ年は何人でしたか。 〔7 点〕

しき

答え（　　　　）

◆3けた，4けたのひっ算

39 たし算とひき算のまとめ

とく点　　点

1 つぎの計算をしましょう。〔1 もん　3 点〕

① 247 + 435

② 7459 + 48

③ 624 + 377

④ 98 + 305

⑤ 2362 + 7574

⑥ 576 + 35

⑦ 7 + 693

⑧ 459 + 3786

⑨ 178 + 284

2 つぎの計算をしましょう。〔1 もん　3 点〕

① 305 − 89

② 5445 − 5158

③ 251 − 7

④ 534 − 467

⑤ 9063 − 65

⑥ 1002 − 749

⑦ 106 − 8

⑧ 1272 − 693

⑨ 504 − 356

3 つぎの計算をしましょう。 〔1 もん 3 点〕

① $\begin{array}{r} 492 \\ +\ \ 68 \\ \hline \end{array}$

② $\begin{array}{r} 1276 \\ +6549 \\ \hline \end{array}$

③ $\begin{array}{r} 1035 \\ -\ \ 958 \\ \hline \end{array}$

④ $\begin{array}{r} 7327 \\ -\ \ \ \ 47 \\ \hline \end{array}$

⑤ $\begin{array}{r} 8 \\ +197 \\ \hline \end{array}$

⑥ $\begin{array}{r} 54 \\ +947 \\ \hline \end{array}$

⑦ $\begin{array}{r} 543 \\ -296 \\ \hline \end{array}$

⑧ $\begin{array}{r} 626 \\ +375 \\ \hline \end{array}$

⑨ $\begin{array}{r} 1402 \\ -\ \ \ \ \ 9 \\ \hline \end{array}$

4 つぎの計算をひっ算でしましょう。 〔1 もん 5 点〕

① 352＋496　　② 3026－97

5 みなとさんの学校のじどうの数は，高学年が 325 人で，低(てい)学年は高学年より 38 人少ないそうです。低(てい)学年は何人ですか。 〔9 点〕

しき

答え（　　　　）

40 2けた＋2けた＝2けた

とく点
点

れい

35＋27＝62

35＋20＝55,
55＋7＝62
だね。

30＋20＝50,
5＋7＝12
だから，50＋12＝62
としてもできるよ。

1 つぎの計算をあん算でしましょう。〔1 もん　5 点〕

① 36＋42　② 27＋52

③ 64＋13　④ 40＋15

2 つぎの計算をあん算でしましょう。〔1 もん　5 点〕

① 48＋25　② 23＋39

③ 76＋14　④ 57＋28

⑤ 35＋15　⑥ 24＋47

3 つぎの計算をあん算でしましょう。〔1 もん　5 点〕

① 56＋18　② 76＋12

③ 13＋32　④ 25＋46

⑤ 34＋29　⑥ 13＋27

⑦ 44＋45　⑧ 51＋16

⑨ 19＋68　⑩ 67＋26

◆たし算のあん算

41 2けた＋2けた＝3けた

とく点　　点

れい

82＋30＝112
64＋47＝111

1 つぎの計算をあん算でしましょう。　〔1 もん　5 点〕

① 40＋85　② 63＋90

③ 54＋61　④ 86＋33

2 つぎの計算をあん算でしましょう。　〔1 もん　5 点〕

① 74＋68　② 28＋95

③ 59＋53　④ 78＋22

⑤ 47＋79　⑥ 35＋67

3 つぎの計算をあん算でしましょう。　〔1 もん　5 点〕

① 61＋49　② 50＋76

③ 82＋60　④ 13＋88

⑤ 75＋75　⑥ 20＋94

⑦ 69＋50　⑧ 86＋41

⑨ 37＋70　⑩ 48＋64

42 何百何十のたし算

とく点

点

れい

170＋360＝530
540＋60＝600

1 つぎの計算をあん算でしましょう。〔1もん　5点〕

① 240＋350　② 420＋130

③ 70＋510　④ 640＋40

2 つぎの計算をあん算でしましょう。〔1もん　5点〕

① 180＋260　② 330＋270

③ 80＋720　④ 370＋190

⑤ 680＋500　⑥ 450＋60

3 つぎの計算をあん算でしましょう。〔1もん　5点〕

① 340＋140　② 30＋580

③ 800＋490　④ 920＋50

⑤ 470＋360　⑥ 140＋660

⑦ 20＋730　⑧ 810＋90

⑨ 250＋470　⑩ 380＋700

43 2けた－2けた

とく点

点

れい

65－28＝37

65－20＝45,
45－8＝37
だね。

60－28＝32,
32＋5＝37
としてもできるよ。

1 つぎの計算をあん算でしましょう。〔1 もん 5 点〕

① 76－25　② 43－11

③ 87－37　④ 58－42

2 つぎの計算をあん算でしましょう。〔1 もん 5 点〕

① 52－26　② 90－64

③ 83－45　④ 36－29

⑤ 40－31　⑥ 65－48

3 つぎの計算をあん算でしましょう。〔1 もん 5 点〕

① 69－32　② 41－20

③ 43－17　④ 24－15

⑤ 80－36　⑥ 72－48

⑦ 53－43　⑧ 98－71

⑨ 37－19　⑩ 61－26

◆ひき算のあん算

44 3けた－2けた＝2けた

とく点

点

れい

132－60＝72
126－49＝77

1 つぎの計算をあん算でしましょう。〔1 もん　5 点〕

① 154－80　② 125－52

③ 138－78　④ 106－20

2 つぎの計算をあん算でしましょう。〔1 もん　5 点〕

① 113－56　② 107－18

③ 141－99　④ 100－75

⑤ 103－84　⑥ 120－63

3 つぎの計算をあん算でしましょう。〔1 もん　5 点〕

① 135－45　② 153－97

③ 100－11　④ 179－80

⑤ 108－30　⑥ 104－26

⑦ 140－52　⑧ 125－38

⑨ 117－73　⑩ 166－98

◆ひき算のあん算

45 何百何十のひき算

れい

430－180＝250
1250－800＝450

430－180は，10をもとにして考えると，43－18だね。

1 つぎの計算をあん算でしましょう。〔1もん　5点〕

① 370－140　② 840－500
③ 530－230　④ 460－60

2 つぎの計算をあん算でしましょう。〔1もん　5点〕

① 630－160　② 250－90
③ 700－290　④ 1170－400
⑤ 800－70　⑥ 1000－550

3 つぎの計算をあん算でしましょう。〔1もん　5点〕

① 930－300　② 740－250
③ 420－60　④ 1450－600
⑤ 500－20　⑥ 680－590
⑦ 770－710　⑧ 850－150
⑨ 900－460　⑩ 1030－250

46 まとめのれんしゅう

1 つぎの計算をあん算でしましょう。〔1もん　3点〕

① 67＋80　② 21＋57

③ 430＋70　④ 180＋330

⑤ 54＋19　⑥ 96＋45

⑦ 600＋560　⑧ 30＋99

⑨ 28＋40　⑩ 220＋780

2 つぎの計算をあん算でしましょう。〔1もん　3点〕

① 101－68　② 800－740

③ 66－33　④ 90－52

⑤ 1540－800　⑥ 430－90

⑦ 120－41　⑧ 137－75

⑨ 81－48　⑩ 920－850

3 つぎの計算をあん算でしましょう。 〔1 もん 3 点〕

① 250＋420　　② 700－160

③ 143－77　　④ 38＋42

⑤ 69＋31　　⑥ 105－50

⑦ 29－14　　⑧ 80＋590

⑨ 60＋72　　⑩ 470－400

⑪ 102－90　　⑫ 390＋720

4 ももかさんは，本をきのうまでに 43 ページ読みました。きょうは 39 ページ読みました。ぜんぶで何ページ読みましたか。 〔4 点〕

しき

◆長さのたし算

47 たんいのくり上がりなし

とく点
点

れい

300m＋400m＝700m
1km300m＋1km500m＝2km800m

1 つぎの計算をしましょう。〔1 もん 13 点〕

① 450m＋200m

② 320m＋500m

2 つぎの計算をしましょう。〔1 もん 13 点〕

① 1km200m＋1km600m

② 1km540m＋2km100m

3 つぎの計算をしましょう。〔1 もん 13 点〕

① 1km250m＋1km300m

② 750m＋150m

③ 1km100m＋800m

4 ひろとさんは，ハイキングに行きました。これまでに 2km600m 歩きました。目てき地まであと 1km300m だそうです。出ぱつしてから目てき地までぜんぶで何 km 何 m 歩くことになりますか。〔9 点〕

しき

答え（　　　　　）

48 たんいがくり上がる

1 つぎの計算をしましょう。〔1もん　13点〕

① 800m＋500m

② 450m＋900m

2 つぎの計算をしましょう。〔1もん　13点〕

① 1km600m＋700m

② 2km200m＋800m

3 つぎの計算をしましょう。〔1もん　13点〕

① 600m＋550m

② 350m＋2km900m

③ 1km700m＋300m

4 ゆうきさんの家から学校までの道のりは800mです。学校から図書かんまでの道のりは600mです。ゆうきさんの家から学校を通って図書かんまでの道のりは何km何mありますか。〔9点〕

しき

答え（　　　　）

49 たんいのくり下がりなし

とく点
点

れい

900m − 600m ＝ 300m
2km500m − 1km200m ＝ 1km300m

1 つぎの計算をしましょう。 〔1 もん 12 点〕

① 850m−400m

② 600m−350m

2 つぎの計算をしましょう。 〔1 もん 12 点〕

① 2km700m−1km300m

② 1km950m−1km400m

3 つぎの計算をしましょう。 〔1 もん 12 点〕

① 3km500m−1km200m

② 900m−650m

③ 2km800m−2km100m

④ 2km400m−1km250m

4 さくらさんは 2km600m はなれたとなりの町の本屋(ほんや)さんまで歩いています。これまで 1km100m 歩きました。のこりは何 km 何 m ですか。 〔4 点〕

しき

答え（　　　　　　）

50 ◆長さのひき算
たんいがくり下がる

れい

1km400m − 600m = 800m
2km − 300m = 1km700m

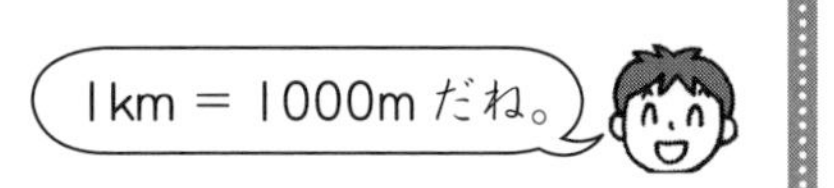

1 つぎの計算をしましょう。〔1 もん　13 点〕

① 1km200m－800m

② 1km－500m

2 つぎの計算をしましょう。〔1 もん　13 点〕

① 2km150m－700m

② 3km－650m

3 つぎの計算をしましょう。〔1 もん　13 点〕

① 1km300m－600m

② 2km－150m

③ 3km250m－450m

4 そうまさんの家から学校までの道のりは 700m，そうまさんの家から市やくしょまでの道のりは 1km200m あります。そうまさんの家から学校までと，そうまさんの家から市やくしょまでの道のりのちがいは何 m ですか。〔9 点〕

しき

答え（　　　　　　）

◆おもさのたし算

51 たんいのくり上がりなし

れい

500g ＋200g ＝700g
1kg 300g ＋200g ＝1kg 500g

1 つぎの計算をしましょう。〔1 もん　12 点〕

① 400g＋300g

② 250g＋650g

2 つぎの計算をしましょう。〔1 もん　12 点〕

① 1kg 200g＋400g

② 2kg 300g＋1kg 500g

3 つぎの計算をしましょう。〔1 もん　12 点〕

① 1kg 450g＋300g

② 150g＋500g

③ 2kg 300g＋1kg 250g

④ 400g＋550g

4 おもさ 150g のかごに，みかんを 450g 入れました。ぜん体のおもさは何 g ですか。〔4 点〕

しき

答え（　　　　　）

◆おもさのたし算

52 たんいがくり上がる

れい

800g＋400g＝1kg200g
1kg600g＋500g＝2kg100g

1000g ＝ 1kg だね。

1 つぎの計算をしましょう。〔1 もん　12 点〕

① 600g＋700g

② 300g＋900g

2 つぎの計算をしましょう。〔1 もん　12 点〕

① 1kg500g＋800g

② 2kg400g＋600g

3 つぎの計算をしましょう。〔1 もん　12 点〕

① 1kg700g＋500g

② 400g＋900g

③ 800g＋600g

④ 1kg900g＋100g

4 おもさ 300g のかごに，トマトを 800g 入れました。ぜん体のおもさは何 kg 何 g ですか。〔4 点〕

しき

答え（　　　　）

◆おもさのひき算

53 たんいのくり下がりなし

とく点

点

れい

700g − 300g = 400g
1kg500g − 200g = 1kg300g

1 つぎの計算をしましょう。 〔1 もん 12点〕

① 600g − 100g

② 800g − 400g

2 つぎの計算をしましょう。 〔1 もん 12点〕

① 1kg700g − 500g

② 2kg300g − 100g

3 つぎの計算をしましょう。 〔1 もん 12点〕

① 1kg600g − 200g

② 900g − 700g

③ 500g − 300g

④ 1kg800g − 100g

4 りんごが 1kg800g，みかんが 700g あります。りんごとみかんのおもさのちがいは何 kg 何 g ですか。 〔4 点〕

しき

答え（ ）

54 たんいがくり下がる

れい

1kg200g－800g＝400g
2kg－300g＝1kg700g

1kg ＝ 1000g だね。

1 つぎの計算をしましょう。〔1 もん　12 点〕

① 1kg400g－600g

② 1kg－800g

2 つぎの計算をしましょう。〔1 もん　12 点〕

① 2kg300g－500g

② 3kg－400g

3 つぎの計算をしましょう。〔1 もん　12 点〕

① 1kg500g－700g

② 2kg100g－400g

③ 2kg－600g

④ 3kg200g－900g

4 おもさ 300g の入れものに，お米を入れてはかったら，ぜん体で 2kg100g ありました。お米だけのおもさは何 kg 何 g ですか。〔4 点〕

しき

答え（　　　　　　）

◆長さとおもさの計算

55 長さとおもさの計算のまとめ

とく点　　点

1 つぎの計算をしましょう。〔1 もん　4 点〕

① 350m＋900m

② 1km200m－700m

③ 3km450m－1km200m

④ 1km200m＋1km600m

⑤ 900m－300m

⑥ 1km300m＋700m

⑦ 650m＋1km350m

⑧ 1km－450m

⑨ 2km600m－900m

⑩ 250m＋550m

⑪ 3km100m－700m

⑫ 800m＋650m

2 つむぎさんの家から本屋(ほんや)さんまでは 850m あります。つむぎさんは，行きも帰りも歩きました。ぜんぶで何 km 何 m 歩きましたか。〔2 点〕

しき

答え（　　　　　　）

3 つぎの計算をしましょう。〔1 もん 4 点〕

① 400g＋800g

② 1kg100g＋1kg300g

③ 1kg400g－200g

④ 650g＋150g

⑤ 2kg500g－900g

⑥ 1kg－300g

⑦ 2kg800g＋200g

⑧ 600g－200g

⑨ 1kg300g＋800g

⑩ 700g＋600g

⑪ 2kg－500g

⑫ 3kg400g－700g

4 おもさ 300g のかごに，くりを入れておもさをはかったら，ぜん体のおもさが 1kg200g になりました。くりだけのおもさは何 g ですか。〔2 点〕

しき

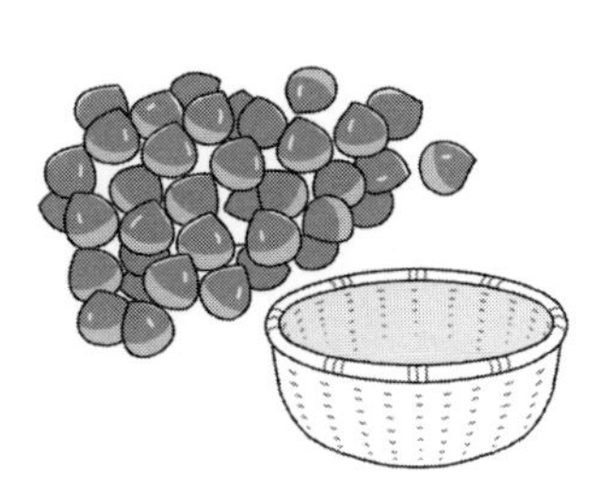

答え（　　　　）

◆わり算

56 九九をつかったわり算（÷2, ÷3）

とく点

点

れい

$4 \div 2 = 2$
$6 \div 2 = 3$
$6 \div 3 = 2$
$9 \div 3 = 3$

6÷2 の答えは
2 のだんの九九を
つかってもとめる
ことができるよ。

1 つぎの計算をしましょう。　〔1 もん　8 点〕

① $10 \div 2$　② $12 \div 2$

③ $18 \div 2$　④ $8 \div 2$

2 つぎの計算をしましょう。　〔1 もん　8 点〕

① $6 \div 3$　② $18 \div 3$

③ $24 \div 3$　④ $15 \div 3$

3 つぎの計算をしましょう。　〔1 もん　8 点〕

① $16 \div 2$　② $3 \div 3$

③ $27 \div 3$　④ $14 \div 2$

4 えんぴつが 12 本あります。これを 3 人で分けると，1 人分は何本になりますか。　〔4 点〕

しき

答え（　　　　）

57 九九をつかったわり算（÷4，÷5）

とく点
点

れい

$8 \div 4 = 2$　　$10 \div 5 = 2$
$12 \div 4 = 3$　　$15 \div 5 = 3$

1 つぎの計算をしましょう。〔1もん　8点〕

① $16 \div 4$　　② $32 \div 4$

③ $20 \div 4$　　④ $28 \div 4$

2 つぎの計算をしましょう。〔1もん　8点〕

① $25 \div 5$　　② $35 \div 5$

③ $30 \div 5$　　④ $45 \div 5$

3 つぎの計算をしましょう。〔1もん　8点〕

① $24 \div 4$　　② $5 \div 5$

③ $20 \div 5$　　④ $36 \div 4$

4 40cmのリボンを，同じ長さに5つに切ります。1つ分の長さは何cmになりますか。〔4点〕

しき

答え（　　　　）

58 九九をつかったわり算（÷6，÷7）

とく点
点

れい

$12 \div 6 = 2$　　$14 \div 7 = 2$
$18 \div 6 = 3$　　$21 \div 7 = 3$

12÷6 の答えは
6 のだんの九九を
つかってもとめる
ことができるよ。

1 つぎの計算をしましょう。〔1 もん　8 点〕

① $30 \div 6$　　② $42 \div 6$

③ $48 \div 6$　　④ $24 \div 6$

2 つぎの計算をしましょう。〔1 もん　8 点〕

① $28 \div 7$　　② $63 \div 7$

③ $49 \div 7$　　④ $35 \div 7$

3 つぎの計算をしましょう。〔1 もん　8 点〕

① $42 \div 7$　　② $36 \div 6$

③ $54 \div 6$　　④ $7 \div 7$

4 24 まいの色紙があります。これを 1 人に 6 まいずつ分けると，何人に分けられますか。〔4 点〕

しき

答え（　　　　）

◆わり算

59 九九をつかったわり算（÷8，÷9）

とく点

点

れい

16÷8＝2　　18÷9＝2
24÷8＝3　　27÷9＝3

16÷8の答えは8のだんの九九をつかってもとめることができるよ。

1 つぎの計算をしましょう。〔1 もん　8 点〕

① 48÷8　　② 24÷8

③ 56÷8　　④ 40÷8

2 つぎの計算をしましょう。〔1 もん　8 点〕

① 36÷9　　② 63÷9

③ 45÷9　　④ 81÷9

3 つぎの計算をしましょう。〔1 もん　8 点〕

① 54÷9　　② 64÷8

③ 32÷8　　④ 72÷9

4 あめが 72 こあります。これを 1 つのふくろに 8 こずつ入れると，ふくろはいくつできますか。〔4 点〕

しき

答え（　　　　）

60 0や1のわり算

れい

$2 \div 1 = 2$
$0 \div 2 = 0$

1 つぎの計算をしましょう。〔1 もん 5 点〕

① $3 \div 1$　② $7 \div 1$

③ $8 \div 1$　④ $5 \div 1$

2 つぎの計算をしましょう。〔1 もん 5 点〕

① $0 \div 4$　② $0 \div 9$

③ $0 \div 6$　④ $0 \div 3$

3 つぎの計算をしましょう。〔1 もん 5 点〕

① $6 \div 1$　② $0 \div 1$

③ $0 \div 8$　④ $4 \div 1$

⑤ $9 \div 1$　⑥ $0 \div 7$

⑦ $1 \div 1$　⑧ $2 \div 1$

⑨ $0 \div 4$　⑩ $0 \div 6$

⑪ $0 \div 5$　⑫ $8 \div 1$

◆わり算

61 あまりのあるわり算（÷2，÷3）

とく点　　点

れい

5÷2＝2あまり1
8÷3＝2あまり2

1 つぎの計算をしましょう。〔1 もん　8 点〕

① 7÷2　　② 11÷2

③ 19÷2　　④ 15÷2

2 つぎの計算をしましょう。〔1 もん　8 点〕

① 7÷3　　② 14÷3

③ 26÷3　　④ 29÷3

3 つぎの計算をしましょう。〔1 もん　8 点〕

① 9÷2　　② 11÷3

③ 23÷3　　④ 17÷2

4 おはじき 25こを，3 人で同じ数ずつ分けると，1 人分は何こになり，何こあまりますか。〔4 点〕

しき

答え（　　　　　　　　）

62 あまりのあるわり算（÷4，÷5）

とく点　　点

れい

14÷4＝3あまり2
18÷5＝3あまり3

あまりは，わる数より小さいよ。

1 つぎの計算をしましょう。〔1 もん　8 点〕

① 18÷4　② 29÷4
③ 35÷4　④ 22÷4

2 つぎの計算をしましょう。〔1 もん　8 点〕

① 27÷5　② 44÷5
③ 31÷5　④ 23÷5

3 つぎの計算をしましょう。〔1 もん　8 点〕

① 38÷5　② 23÷4
③ 37÷4　④ 9÷5

4 27 ひきの金魚を，4 つの入れものに同じ数ずつ分けると，1 つの入れものには何びき入って，何びきあまりますか。〔4 点〕

しき

答え（　　　　　　　　　　）

◆わり算

63 あまりのあるわり算（÷6，÷7）

とく点　　点

れい

14÷6＝2あまり2
27÷7＝3あまり6

1 つぎの計算をしましょう。　〔1 もん　8 点〕

① 25÷6　　② 17÷6

③ 46÷6　　④ 32÷6

2 つぎの計算をしましょう。　〔1 もん　8 点〕

① 37÷7　　② 24÷7

③ 60÷7　　④ 48÷7

3 つぎの計算をしましょう。　〔1 もん　8 点〕

① 50÷6　　② 64÷7

③ 19÷7　　④ 41÷6

4 りんごが 45 こあります。1 つのかごに 6 こずつ入れると，何かごできて，何こあまりますか。　〔4 点〕

しき

答え（　　　　　　　　）

◆わり算

64 あまりのあるわり算（÷8，÷9）

とく点

点

れい

26÷8＝3あまり2
40÷9＝4あまり4

1 つぎの計算をしましょう。〔1 もん　8 点〕

① 43÷8　② 68÷8

③ 33÷8　④ 62÷8

2 つぎの計算をしましょう。〔1 もん　8 点〕

① 56÷9　② 34÷9

③ 76÷9　④ 50÷9

3 つぎの計算をしましょう。〔1 もん　8 点〕

① 46÷9　② 53÷8

③ 31÷8　④ 67÷9

4 50cm のリボンを，1 人に 8cm ずつ分けると，何人に分けられて，何 cm あまりますか。〔4 点〕

しき

答え（　　　　　　）

65 何十のわり算

れい

20 ÷ 2 = 10
60 ÷ 3 = 20

1 つぎの計算をしましょう。〔1もん 8点〕

① 40 ÷ 4　② 70 ÷ 7

③ 50 ÷ 5　④ 80 ÷ 8

2 つぎの計算をしましょう。〔1もん 8点〕

① 90 ÷ 3　② 80 ÷ 2

③ 60 ÷ 2　④ 80 ÷ 4

3 つぎの計算をしましょう。〔1もん 9点〕

① 60 ÷ 6　② 40 ÷ 2

③ 90 ÷ 9　④ 60 ÷ 3

◆わり算

66 答えが2けた

とく点

点

れい

69÷3＝23

69を60と9に分けると，位(くらい)ごとに計算できるよ。

60÷3＝20
9÷3＝3
あわせて 23

1 つぎの計算をしましょう。〔1もん 4点〕

① 24÷2　　② 26÷2

③ 36÷3　　④ 66÷6

⑤ 77÷7　　⑥ 55÷5

2 つぎの計算をしましょう。〔1もん 5点〕

① 46÷2　　② 63÷3

③ 84÷4　　④ 99÷3

⑤ 68÷2　　⑥ 88÷4

3 つぎの計算をしましょう。 〔1 もん　5 点〕

① 28÷2　　② 44÷4

③ 93÷3　　④ 88÷8

⑤ 66÷3　　⑥ 84÷2

⑦ 33÷3　　⑧ 64÷2

4 みおさんは，おはじきを 48 こもっています。これは妹のもっているおはじきの 2 ばいだそうです。妹はおはじきを何こもっていますか。 〔6 点〕

しき

答え（　　　　）

67 まとめのれんしゅう

とく点
点

1 つぎの計算をしましょう。 〔1 もん 3 点〕

① $32 \div 8$　② $45 \div 5$
③ $7 \div 7$　④ $18 \div 3$

2 つぎの計算をしましょう。 〔1 もん 3 点〕

① $0 \div 6$　② $4 \div 1$
③ $8 \div 1$　④ $0 \div 3$

3 つぎの計算をしましょう。 〔1 もん 3 点〕

① $30 \div 4$　② $17 \div 2$
③ $28 \div 3$　④ $43 \div 5$

4 つぎの計算をしましょう。 〔1 もん 3 点〕

① $80 \div 8$　② $60 \div 2$
③ $40 \div 2$　④ $30 \div 3$

5 つぎの計算をしましょう。 〔1 もん 3 点〕

① $82 \div 2$　② $39 \div 3$
③ $99 \div 9$　④ $66 \div 2$

6 つぎの計算をしましょう。〔1 もん 3 点〕

① 27÷6　　② 58÷9

③ 30÷5　　④ 42÷2

⑤ 39÷4　　⑥ 60÷6

⑦ 0÷7　　⑧ 72÷9

⑨ 20÷7　　⑩ 88÷4

7 1 まいの画用紙でカードを 6 まいつくります。54 まいのカードをつくるには，画用紙は何まいいりますか。〔10 点〕

しき

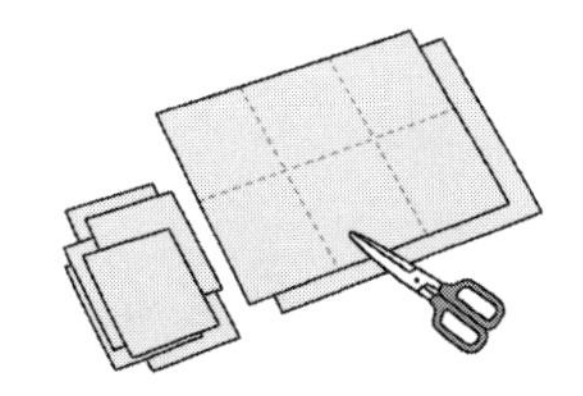

答え（　　　　）

ひとやすみ

◆さいころの目

さいころは，むかいあっためんの数をたすと，7 になるようにできています。

いま，さいころをとちゅうまでつくりました。あいているめんには，●をそれぞれいくつかけばよいでしょうか？

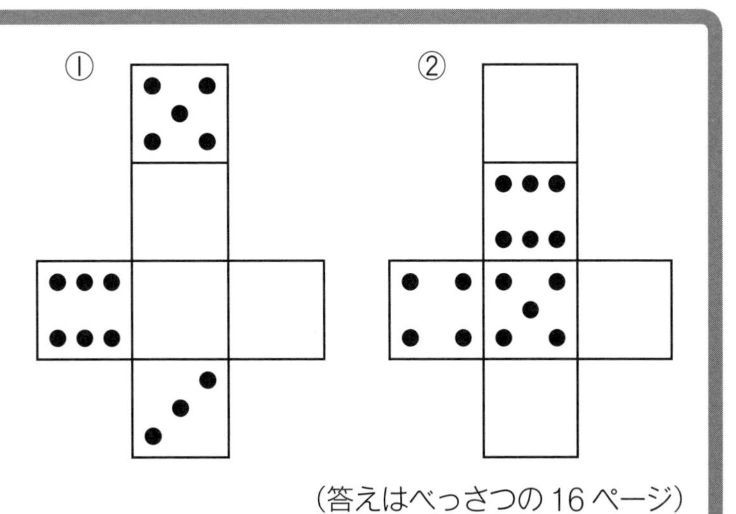

（答えはべっさつの 16 ページ）

◆かけ算のあん算

68 0のかけ算

とく点　　点

れい

3×0＝0
0×2＝0
0×0＝0

どんな数に０をかけても
答えは０だよ。
０にどんな数をかけても
答えは０だよ。

1 つぎの計算をしましょう。　〔1 もん　5 点〕

① 4×0　② 9×0

③ 8×0　④ 2×0

⑤ 5×0　⑥ 7×0

2 つぎの計算をしましょう。　〔1 もん　5 点〕

① 0×3　② 0×6

③ 0×4　④ 0×1

⑤ 0×8　⑥ 0×5

3 つぎの計算をしましょう。　〔1 もん　5 点〕

① 0×7　② 6×0

③ 1×0　④ 0×0

⑤ 8×0　⑥ 0×9

⑦ 0×2　⑧ 3×0

◆かけ算のあん算

69 何十，何百のかけ算

れい

$30 \times 2 = 60$
$300 \times 2 = 600$

$30 \times 2 = 60$

10	10
10	10
10	10

1 つぎの計算をしましょう。〔1 もん　8 点〕

① 40×2　② 70×3

③ 90×4　④ 30×8

2 つぎの計算をしましょう。〔1 もん　8 点〕

① 400×3　② 800×6

③ 100×7　④ 500×5

3 つぎの計算をしましょう。〔1 もん　8 点〕

① 600×3　② 20×9

③ 50×7　④ 900×6

4 1 本 60 円のえんぴつを 3 本買います。だい金は何円になりますか。
〔4 点〕

しき

答え（　　　　）

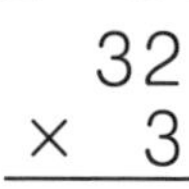

◆2けたのかけ算のひっ算

70 2けた×1けた（かけ算がどの位も1けた）

とく点　　点

れい

32×3のひっ算

$$\begin{array}{r} 32 \\ \times\ \ 3 \\ \hline \end{array} \Rightarrow \begin{array}{r} 32 \\ \times\ \ 3 \\ \hline 6 \end{array} \Rightarrow \begin{array}{r} 32 \\ \times\ \ 3 \\ \hline 96 \end{array}$$

（三二が6）一の位に書く　（三三が9）十の位に書く

1 つぎの計算をしましょう。〔1もん　8点〕

① $\begin{array}{r} 12 \\ \times\ \ 3 \\ \hline \end{array}$　② $\begin{array}{r} 31 \\ \times\ \ 3 \\ \hline \end{array}$　③ $\begin{array}{r} 42 \\ \times\ \ 2 \\ \hline \end{array}$　④ $\begin{array}{r} 21 \\ \times\ \ 4 \\ \hline \end{array}$

⑤ $\begin{array}{r} 11 \\ \times\ \ 9 \\ \hline \end{array}$　⑥ $\begin{array}{r} 21 \\ \times\ \ 3 \\ \hline \end{array}$　⑦ $\begin{array}{r} 34 \\ \times\ \ 2 \\ \hline \end{array}$　⑧ $\begin{array}{r} 13 \\ \times\ \ 3 \\ \hline \end{array}$

2 つぎの計算をひっ算でしましょう。〔1もん　10点〕

① 22×4　② 11×8　③ 43×2

3 えんぴつが12本ずつ入ったはこが4はこあります。えんぴつはぜんぶで何本ありますか。〔6点〕

しき

答え（　　　　）

71 2けた×1けた（一の位のかけ算が2けた）

◆2けたのかけ算のひっ算

とく点　　点

れい

14×3のひっ算

$$\begin{array}{r} 14 \\ \times\ \ 3 \\ \hline \end{array} \Rightarrow \begin{array}{r} 14 \\ \times\ \ 3 \\ \hline 12 \end{array} \Rightarrow \begin{array}{r} 14 \\ \times\ \ 3 \\ \hline 42 \end{array}$$

（三四 12）（1 くり上がる）

（三一が 3）（くり上げた 1 をたして 4）

1 つぎの計算をしましょう。〔1 もん　8 点〕

① $\begin{array}{r} 36 \\ \times\ \ 2 \\ \hline \end{array}$　② $\begin{array}{r} 27 \\ \times\ \ 3 \\ \hline \end{array}$　③ $\begin{array}{r} 18 \\ \times\ \ 5 \\ \hline \end{array}$　④ $\begin{array}{r} 39 \\ \times\ \ 2 \\ \hline \end{array}$

⑤ $\begin{array}{r} 28 \\ \times\ \ 3 \\ \hline \end{array}$　⑥ $\begin{array}{r} 35 \\ \times\ \ 2 \\ \hline \end{array}$　⑦ $\begin{array}{r} 47 \\ \times\ \ 2 \\ \hline \end{array}$　⑧ $\begin{array}{r} 19 \\ \times\ \ 4 \\ \hline \end{array}$

2 つぎの計算をひっ算でしましょう。〔1 もん　10 点〕

① 29×3　② 16×5　③ 48×2

3 りんごを，1 はこに 24 こずつ入れて 4 はこつくりました。りんごは，ぜんぶで何こありますか。〔6 点〕

しき

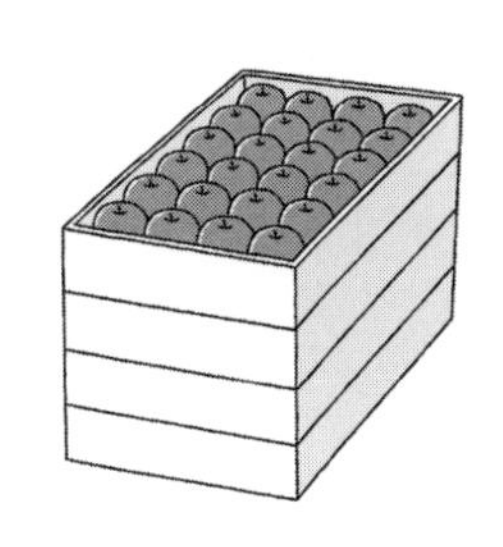

答え（　　　　）

72 2けた×1けた（十の位(くらい)のかけ算が2けた）

とく点　　　点

れい

42×3のひっ算

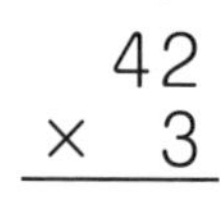

$$\begin{array}{r} 42 \\ \times\ 3 \\ \hline \end{array} \Rightarrow \begin{array}{r} 42 \\ \times\ 3 \\ \hline 6 \end{array} \Rightarrow \begin{array}{r} 42 \\ \times\ 3 \\ \hline 126 \end{array}$$

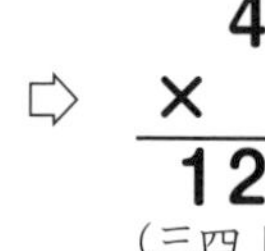

（三二が6）　（三四12）
1は百の位(くらい)に書く

1 つぎの計算をしましょう。〔1もん　8点〕

① $\begin{array}{r} 32 \\ \times\ 4 \\ \hline \end{array}$　② $\begin{array}{r} 64 \\ \times\ 2 \\ \hline \end{array}$　③ $\begin{array}{r} 83 \\ \times\ 3 \\ \hline \end{array}$　④ $\begin{array}{r} 41 \\ \times\ 8 \\ \hline \end{array}$

⑤ $\begin{array}{r} 53 \\ \times\ 3 \\ \hline \end{array}$　⑥ $\begin{array}{r} 72 \\ \times\ 4 \\ \hline \end{array}$　⑦ $\begin{array}{r} 61 \\ \times\ 5 \\ \hline \end{array}$　⑧ $\begin{array}{r} 31 \\ \times\ 7 \\ \hline \end{array}$

2 つぎの計算をひっ算でしましょう。〔1もん　10点〕

① 84×2　② 52×4　③ 63×3

3 にもつをトラックで，1回に62こずつ4回ではこびおわりました。にもつはぜんぶで何こありましたか。〔6点〕

しき

答え（　　　　）

◆2けたのかけ算のひっ算

73 何十×1けた

れい

40×3のひっ算

$$\begin{array}{r} 40 \\ \times\ 3 \\ \hline \end{array} \Rightarrow \begin{array}{r} 40 \\ \times\ 3 \\ \hline 0 \end{array} \Rightarrow \begin{array}{r} 40 \\ \times\ 3 \\ \hline 120 \end{array}$$

（三れいが 0）　（三四 12）

1 つぎの計算をしましょう。〔1 もん　8 点〕

① $\begin{array}{r} 40 \\ \times\ 2 \\ \hline \end{array}$　② $\begin{array}{r} 60 \\ \times\ 5 \\ \hline \end{array}$　③ $\begin{array}{r} 70 \\ \times\ 3 \\ \hline \end{array}$　④ $\begin{array}{r} 80 \\ \times\ 6 \\ \hline \end{array}$

⑤ $\begin{array}{r} 90 \\ \times\ 4 \\ \hline \end{array}$　⑥ $\begin{array}{r} 30 \\ \times\ 6 \\ \hline \end{array}$　⑦ $\begin{array}{r} 50 \\ \times\ 4 \\ \hline \end{array}$　⑧ $\begin{array}{r} 40 \\ \times\ 7 \\ \hline \end{array}$

2 つぎの計算をひっ算でしましょう。〔1 もん　10 点〕

①　60×9　②　30×3　③　80×5

3 1 こ 60 円のけしゴムを 4 こ買います。だい金は何円になりますか。〔6 点〕

しき

答え（　　　　　）

◆2けたのかけ算のひっ算

74 2けた×1けた（一，十の位のかけ算が2けた）

とく点　　点

れい

45×3のひっ算

$$\begin{array}{r} 45 \\ \times\ 3 \\ \hline \end{array} \Rightarrow \begin{array}{r} 45 \\ \times\ 3 \\ \hline 15 \end{array} \Rightarrow \begin{array}{r} 45 \\ \times\ 3 \\ \hline 135 \end{array}$$

（三五 15）（1 くり上がる）

（三四 12）（くり上げた 1 をたして 13）

1 つぎの計算をしましょう。〔1 もん　8 点〕

① $\begin{array}{r} 76 \\ \times\ 3 \\ \hline \end{array}$　② $\begin{array}{r} 24 \\ \times\ 6 \\ \hline \end{array}$　③ $\begin{array}{r} 72 \\ \times\ 6 \\ \hline \end{array}$　④ $\begin{array}{r} 53 \\ \times\ 9 \\ \hline \end{array}$

⑤ $\begin{array}{r} 47 \\ \times\ 4 \\ \hline \end{array}$　⑥ $\begin{array}{r} 68 \\ \times\ 5 \\ \hline \end{array}$　⑦ $\begin{array}{r} 85 \\ \times\ 4 \\ \hline \end{array}$　⑧ $\begin{array}{r} 39 \\ \times\ 7 \\ \hline \end{array}$

2 つぎの計算をひっ算でしましょう。〔1 もん　10 点〕

① 64×7　② 46×5　③ 38×4

3 1 こ 25 円のあめ玉を 6 こ買いました。ぜんぶで何円ですか。〔6 点〕

しき

答え（　　　　　）

75 2けた×1けた（たして十の位(くらい)がくり上がる①）

とく点　　点

れい

28×4のひっ算

$$\begin{array}{r} 28 \\ \times\ \ 4 \\ \hline \end{array} \Rightarrow \begin{array}{r} 28 \\ \times\ \ 4 \\ \hline 32 \end{array} \Rightarrow \begin{array}{r} 28 \\ \times\ \ 4 \\ \hline 112 \end{array}$$

（四八 32）（3 くり上がる）

（四二が 8）（くり上げた 3 をたして 11）

1 つぎの計算をしましょう。〔1 もん　8 点〕

① $\begin{array}{r} 37 \\ \times\ \ 3 \\ \hline \end{array}$　② $\begin{array}{r} 16 \\ \times\ \ 8 \\ \hline \end{array}$　③ $\begin{array}{r} 25 \\ \times\ \ 4 \\ \hline \end{array}$　④ $\begin{array}{r} 34 \\ \times\ \ 3 \\ \hline \end{array}$

⑤ $\begin{array}{r} 18 \\ \times\ \ 7 \\ \hline \end{array}$　⑥ $\begin{array}{r} 38 \\ \times\ \ 3 \\ \hline \end{array}$　⑦ $\begin{array}{r} 19 \\ \times\ \ 6 \\ \hline \end{array}$　⑧ $\begin{array}{r} 26 \\ \times\ \ 4 \\ \hline \end{array}$

2 つぎの計算をひっ算でしましょう。〔1 もん　10 点〕

① 29×4　② 39×3　③ 17×6

3 1 本 35 円の竹ひごを 3 本買いました。だい金は何円になりますか。〔6 点〕

しき

答え（　　　　）

◆2けたのかけ算のひっ算

76 2けた×1けた（たして十の位がくり上がる②）

とく点　　点

れい

48×9のひっ算

$$\begin{array}{r} 48 \\ \times\ \ 9 \\ \hline \end{array} \Rightarrow \begin{array}{r} 48 \\ \times\ \ 9 \\ \hline 72 \end{array} \Rightarrow \begin{array}{r} 48 \\ \times\ \ 9 \\ \hline 432 \end{array}$$

（九八 72）（7 くり上がる）

（九四 36）（くり上げた 7 をたして 43）

1 つぎの計算をしましょう。〔1 もん　4 点〕

① 69×3

② 84×6

③ 77×4

④ 58×7

⑤ 76×8

⑥ 68×6

2 つぎの計算をしましょう。〔1 もん　4 点〕

① 38×6

② 27×9

③ 46×7

④ 79×4

⑤ 87×6

⑥ 65×8

3 つぎの計算をひっ算でしましょう。 〔1 もん 6 点〕

① 38×9 ② 87×7

③ 27×8 ④ 79×4

⑤ 23×9 ⑥ 46×9

⑦ 64×8 ⑧ 75×8

4 りんごが 9 はこあります。1 はこに 24 こ入っています。りんごはぜんぶで何こありますか。 〔4 点〕

しき

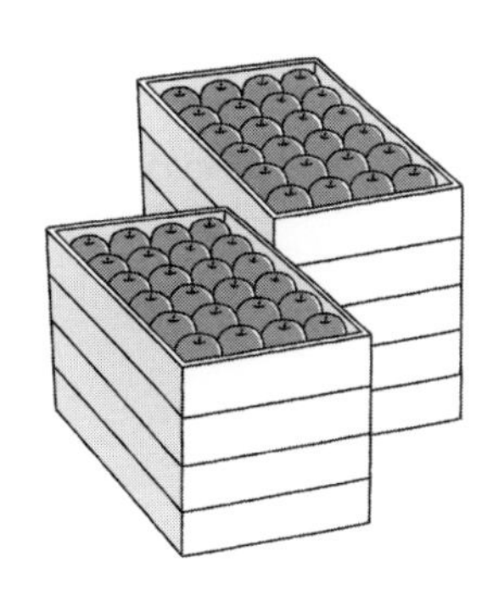

答え（ ）

77 3けた×1けた（かけ算がどの位も1けた）

とく点
点

れい

213×2のひっ算

$$\begin{array}{r} 213 \\ \times\ \ 2 \\ \hline \end{array} \Rightarrow \begin{array}{r} 213 \\ \times\ \ 2 \\ \hline 6 \end{array} \Rightarrow \begin{array}{r} 213 \\ \times\ \ 2 \\ \hline 26 \end{array} \Rightarrow \begin{array}{r} 213 \\ \times\ \ 2 \\ \hline 426 \end{array}$$

（二三が 6）一の位に書く　（二一が 2）十の位に書く　（二二が 4）百の位に書く

1 つぎの計算をしましょう。〔1 もん　10 点〕

① $\begin{array}{r} 314 \\ \times\ \ 2 \\ \hline \end{array}$　② $\begin{array}{r} 132 \\ \times\ \ 3 \\ \hline \end{array}$　③ $\begin{array}{r} 421 \\ \times\ \ 2 \\ \hline \end{array}$

④ $\begin{array}{r} 121 \\ \times\ \ 4 \\ \hline \end{array}$　⑤ $\begin{array}{r} 321 \\ \times\ \ 3 \\ \hline \end{array}$　⑥ $\begin{array}{r} 244 \\ \times\ \ 2 \\ \hline \end{array}$

2 つぎの計算をひっ算でしましょう。〔1 もん　10 点〕

① 233×3　② 413×2

③ 122×4　④ 432×2

◆3けたのかけ算のひっ算

78 3けた×1けた（一の位（くらい）のかけ算が2けた）

とく点　　点

れい

124×3のひっ算

$$\begin{array}{r} 124 \\ \times \quad 3 \\ \hline \end{array} \Rightarrow \begin{array}{r} 124 \\ \times \quad 3 \\ \hline 12 \end{array} \Rightarrow \begin{array}{r} 124 \\ \times \quad 3 \\ \hline 72 \end{array} \Rightarrow \begin{array}{r} 124 \\ \times \quad 3 \\ \hline 372 \end{array}$$

（三四 12）（1 くり上がる）　（三二が 6）（くり上げた 1 をたして 7）　（三一が 3）

1 つぎの計算をしましょう。〔1 もん　10点〕

① $\begin{array}{r} 348 \\ \times \quad 2 \\ \hline \end{array}$　② $\begin{array}{r} 216 \\ \times \quad 4 \\ \hline \end{array}$　③ $\begin{array}{r} 315 \\ \times \quad 3 \\ \hline \end{array}$

④ $\begin{array}{r} 123 \\ \times \quad 4 \\ \hline \end{array}$　⑤ $\begin{array}{r} 425 \\ \times \quad 2 \\ \hline \end{array}$　⑥ $\begin{array}{r} 327 \\ \times \quad 3 \\ \hline \end{array}$

2 つぎの計算をひっ算でしましょう。〔1 もん　10点〕

① 118×5　② 247×2

③ 219×4　④ 114×7

79 3けた×1けた（十の位のかけ算が2けた）

◆3けたのかけ算のひっ算

とく点　　点

れい

362×2のひっ算

$$\begin{array}{r} 362 \\ \times \quad 2 \\ \hline \end{array} \Rightarrow \begin{array}{r} 362 \\ \times \quad 2 \\ \hline 4 \end{array} \Rightarrow \begin{array}{r} 362 \\ \times \quad 2 \\ \hline 124 \end{array} \Rightarrow \begin{array}{r} 362 \\ \times \quad 2 \\ \hline 724 \end{array}$$

（二二が4）　（二六12）（1くり上がる）　（二三が6）（くり上げた1をたして7）

1 つぎの計算をしましょう。〔1もん　10点〕

① $\begin{array}{r} 283 \\ \times \quad 3 \\ \hline \end{array}$　② $\begin{array}{r} 491 \\ \times \quad 2 \\ \hline \end{array}$　③ $\begin{array}{r} 162 \\ \times \quad 4 \\ \hline \end{array}$

④ $\begin{array}{r} 374 \\ \times \quad 2 \\ \hline \end{array}$　⑤ $\begin{array}{r} 181 \\ \times \quad 5 \\ \hline \end{array}$　⑥ $\begin{array}{r} 242 \\ \times \quad 3 \\ \hline \end{array}$

2 つぎの計算をひっ算でしましょう。〔1もん　10点〕

① 182×4　② 463×2

③ 293×3　④ 151×6

80 3けた×1けた（一，十の位のかけ算が2けた）

とく点　　点

れい

486×2のひっ算

$$\begin{array}{r} 486 \\ \times \quad 2 \\ \hline \end{array} \Rightarrow \begin{array}{r} 486 \\ \times \quad 2 \\ \hline 12 \end{array} \Rightarrow \begin{array}{r} 486 \\ \times \quad 2 \\ \hline 172 \end{array} \Rightarrow \begin{array}{r} 486 \\ \times \quad 2 \\ \hline 972 \end{array}$$

（二六 12）（1くり上がる）

（二八 16）（くり上げた1をたして17 1くり上がる）

（二四が 8）（くり上げた1をたして9）

1 つぎの計算をしましょう。〔1もん　12点〕

① $\begin{array}{r} 367 \\ \times \quad 2 \\ \hline \end{array}$　② $\begin{array}{r} 157 \\ \times \quad 5 \\ \hline \end{array}$　③ $\begin{array}{r} 238 \\ \times \quad 4 \\ \hline \end{array}$

④ $\begin{array}{r} 296 \\ \times \quad 3 \\ \hline \end{array}$　⑤ $\begin{array}{r} 145 \\ \times \quad 4 \\ \hline \end{array}$　⑥ $\begin{array}{r} 489 \\ \times \quad 2 \\ \hline \end{array}$

2 つぎの計算をひっ算でしましょう。〔1もん　12点〕

① 136×5　② 274×3

3 1こ145円のボールを6こ買いました。だい金は何円ですか。〔4点〕

しき

答え（　　　　）

◆3けたのかけ算のひっ算

3けた×1けた（たして十の位が くり上がる①）

とく点　　点

れい

238×3のひっ算

```
  238        238        238        238
×   3  ⇨  ×   3  ⇨  ×   3  ⇨  ×   3
                24        114        714
```

（三八 24）（2 くり上がる）

（三三が 9）（くり上げた 2 をたして 11 1 くり上がる）

（三二が 6）（くり上げた 1 をたして 7）

1 つぎの計算をしましょう。〔1 もん　10点〕

① 128 × 4

② 235 × 3

③ 118 × 7

④ 116 × 7

⑤ 125 × 4

⑥ 237 × 3

2 つぎの計算をひっ算でしましょう。〔1 もん　10点〕

① 226×4

② 119×6

③ 113×8

④ 236×3

82 3けた×1けた（一の位(くらい)が0, 答えが3けた）

れい

$$\begin{array}{r} 210 \\ \times \quad 4 \\ \hline 840 \end{array} \qquad \begin{array}{r} 300 \\ \times \quad 2 \\ \hline 600 \end{array} \qquad \begin{array}{r} 350 \\ \times \quad 2 \\ \hline 700 \end{array}$$

1 つぎの計算をしましょう。〔1 もん　12 点〕

① $\begin{array}{r} 320 \\ \times \quad 3 \\ \hline \end{array}$　② $\begin{array}{r} 430 \\ \times \quad 2 \\ \hline \end{array}$　③ $\begin{array}{r} 200 \\ \times \quad 4 \\ \hline \end{array}$

④ $\begin{array}{r} 270 \\ \times \quad 3 \\ \hline \end{array}$　⑤ $\begin{array}{r} 150 \\ \times \quad 4 \\ \hline \end{array}$　⑥ $\begin{array}{r} 380 \\ \times \quad 2 \\ \hline \end{array}$

2 つぎの計算をひっ算でしましょう。〔1 もん　12 点〕

① 450×2　② 230×4

3 1 さつ 130 円のノートを 4 さつ買いました。だい金はいくらですか。〔4 点〕

しき

答え（　　　　）

83 3けた×1けた（十の位(くらい)が0，答えが3けた）

とく点　　点

れい

$$\begin{array}{r} 103 \\ \times \quad 3 \\ \hline 309 \end{array} \qquad \begin{array}{r} 206 \\ \times \quad 4 \\ \hline 824 \end{array}$$

1 つぎの計算をしましょう。〔1 もん　10点〕

① $\begin{array}{r} 108 \\ \times \quad 4 \\ \hline \end{array}$　② $\begin{array}{r} 407 \\ \times \quad 2 \\ \hline \end{array}$　③ $\begin{array}{r} 205 \\ \times \quad 3 \\ \hline \end{array}$

④ $\begin{array}{r} 304 \\ \times \quad 2 \\ \hline \end{array}$　⑤ $\begin{array}{r} 106 \\ \times \quad 5 \\ \hline \end{array}$　⑥ $\begin{array}{r} 209 \\ \times \quad 4 \\ \hline \end{array}$

2 つぎの計算をひっ算でしましょう。〔1 もん　10点〕

① 306×3　② 205×4

③ 408×2　④ 309×3

84 3けた×1けた（百の位(くらい)のかけ算が2けた）

れい

412×3のひっ算

$$\begin{array}{r} 412 \\ \times \quad 3 \\ \hline \end{array} \Rightarrow \begin{array}{r} 41\mathbf{2} \\ \times \quad \mathbf{3} \\ \hline \mathbf{6} \end{array} \Rightarrow \begin{array}{r} 4\mathbf{1}2 \\ \times \quad \mathbf{3} \\ \hline \mathbf{3}6 \end{array} \Rightarrow \begin{array}{r} \mathbf{4}12 \\ \times \quad \mathbf{3} \\ \hline \mathbf{12}36 \end{array}$$

（三二が 6）　（三一が 3）　（三四 12）

1 つぎの計算をしましょう。〔1 もん　10点〕

① $\begin{array}{r} 321 \\ \times \quad 4 \\ \hline \end{array}$　② $\begin{array}{r} 643 \\ \times \quad 2 \\ \hline \end{array}$　③ $\begin{array}{r} 411 \\ \times \quad 5 \\ \hline \end{array}$

④ $\begin{array}{r} 823 \\ \times \quad 3 \\ \hline \end{array}$　⑤ $\begin{array}{r} 534 \\ \times \quad 2 \\ \hline \end{array}$　⑥ $\begin{array}{r} 712 \\ \times \quad 4 \\ \hline \end{array}$

2 つぎの計算をひっ算でしましょう。〔1 もん　10点〕

① 613×3　② 942×2

③ 311×8　④ 521×4

85 3けた×1けた（一，百の位(くらい)のかけ算が2けた）

とく点

点

れい

625×3のひっ算

$$\begin{array}{r} 625 \\ \times \quad 3 \\ \hline \end{array} \Rightarrow \begin{array}{r} 625 \\ \times \quad 3 \\ \hline 15 \end{array} \Rightarrow \begin{array}{r} 625 \\ \times \quad 3 \\ \hline 75 \end{array} \Rightarrow \begin{array}{r} 625 \\ \times \quad 3 \\ \hline 1875 \end{array}$$

（三五 15）（1 くり上がる）

（三二が 6）（くり上げた1をたして7）

（三六 18）

1 つぎの計算をしましょう。〔1 もん　12点〕

① $\begin{array}{r} 318 \\ \times \quad 4 \\ \hline \end{array}$　② $\begin{array}{r} 427 \\ \times \quad 3 \\ \hline \end{array}$　③ $\begin{array}{r} 215 \\ \times \quad 6 \\ \hline \end{array}$

④ $\begin{array}{r} 736 \\ \times \quad 2 \\ \hline \end{array}$　⑤ $\begin{array}{r} 614 \\ \times \quad 5 \\ \hline \end{array}$　⑥ $\begin{array}{r} 529 \\ \times \quad 3 \\ \hline \end{array}$

2 つぎの計算をひっ算でしましょう。〔1 もん　12点〕

① 816×3　② 418×5

3 1こ914円のすいかを3こ買いました。だい金は何円ですか〔4 点〕

しき

答え（　　　　　）

86 3けた×1けた（十，百の位のかけ算が2けた）

れい

431×6のひっ算

$$\begin{array}{r} 431 \\ \times\ \ 6 \\ \hline \end{array} \Rightarrow \begin{array}{r} 431 \\ \times\ \ 6 \\ \hline 6 \end{array} \Rightarrow \begin{array}{r} 431 \\ \times\ \ 6 \\ \hline 186 \end{array} \Rightarrow \begin{array}{r} 431 \\ \times\ \ 6 \\ \hline 2586 \end{array}$$

（六一が 6）　（六三 18）（1 くり上がる）　（六四 24）（くり上げた1をたして25）

1 つぎの計算をしましょう。〔1 もん　10点〕

① $\begin{array}{r} 382 \\ \times\ \ 4 \\ \hline \end{array}$　② $\begin{array}{r} 653 \\ \times\ \ 3 \\ \hline \end{array}$　③ $\begin{array}{r} 451 \\ \times\ \ 6 \\ \hline \end{array}$

④ $\begin{array}{r} 261 \\ \times\ \ 5 \\ \hline \end{array}$　⑤ $\begin{array}{r} 874 \\ \times\ \ 2 \\ \hline \end{array}$　⑥ $\begin{array}{r} 692 \\ \times\ \ 4 \\ \hline \end{array}$

2 つぎの計算をひっ算でしましょう。〔1 もん　10点〕

① 482×3　② 641×5

③ 732×4　④ 693×2

87 3けた×1けた（かけ算がどの位(くらい)も2けた）

とく点　　点

れい

649×3のひっ算

$$\begin{array}{r}649\\ \times\quad 3\\ \hline\end{array} \Rightarrow \begin{array}{r}649\\ \times\quad 3\\ \hline 27\end{array} \Rightarrow \begin{array}{r}649\\ \times\quad 3\\ \hline 147\end{array} \Rightarrow \begin{array}{r}649\\ \times\quad 3\\ \hline 1947\end{array}$$

（三九 27）（2くり上がる）

（三四 12）（くり上げた2をたして14　1くり上がる）

（三六 18）（くり上げた1をたして19）

1 つぎの計算をしましょう。〔1もん　10点〕

① $\begin{array}{r}387\\ \times\quad 4\\ \hline\end{array}$　② $\begin{array}{r}652\\ \times\quad 7\\ \hline\end{array}$　③ $\begin{array}{r}745\\ \times\quad 6\\ \hline\end{array}$

④ $\begin{array}{r}863\\ \times\quad 9\\ \hline\end{array}$　⑤ $\begin{array}{r}468\\ \times\quad 5\\ \hline\end{array}$　⑥ $\begin{array}{r}596\\ \times\quad 8\\ \hline\end{array}$

2 つぎの計算をひっ算でしましょう。〔1もん　10点〕

① 478×3　② 595×4

③ 736×8　④ 459×6

88 3けた×1けた（たして百の位がくり上がる①）

れい

382×3のひっ算

$$\begin{array}{r} 382 \\ \times \quad 3 \\ \hline \end{array} \Rightarrow \begin{array}{r} 382 \\ \times \quad 3 \\ \hline 6 \end{array} \Rightarrow \begin{array}{r} 382 \\ \times \quad 3 \\ \hline 246 \end{array} \Rightarrow \begin{array}{r} 382 \\ \times \quad 3 \\ \hline 1146 \end{array}$$

（三二が６）　（三八24）（２くり上がる）　（三三が９）（くり上げた２をたして11）

1 つぎの計算をしましょう。〔1 もん　10点〕

① $\begin{array}{r} 291 \\ \times \quad 4 \\ \hline \end{array}$　② $\begin{array}{r} 162 \\ \times \quad 8 \\ \hline \end{array}$　③ $\begin{array}{r} 352 \\ \times \quad 3 \\ \hline \end{array}$

④ $\begin{array}{r} 144 \\ \times \quad 9 \\ \hline \end{array}$　⑤ $\begin{array}{r} 273 \\ \times \quad 4 \\ \hline \end{array}$　⑥ $\begin{array}{r} 181 \\ \times \quad 6 \\ \hline \end{array}$

2 つぎの計算をひっ算でしましょう。〔1 もん　10点〕

① 396×3　② 285×4

③ 179×6　④ 364×3

◆3けたのかけ算のひっ算

89 3けた×1けた（たして十の位(くらい)がくり上がる②）

とく点　　点

れい

328×4のひっ算

$$\begin{array}{r} 328 \\ \times \quad 4 \\ \hline \end{array} \Rightarrow \begin{array}{r} 328 \\ \times \quad 4 \\ \hline 32 \end{array} \Rightarrow \begin{array}{r} 328 \\ \times \quad 4 \\ \hline 112 \end{array} \Rightarrow \begin{array}{r} 328 \\ \times \quad 4 \\ \hline 1312 \end{array}$$

（四八 32）（3 くり上がる）

（四二が 8）（くり上げた 3 をたして 11　1 くり上がる）

（四三 12）（くり上げた 1 をたして 13）

1 つぎの計算をしましょう。〔1 もん　10 点〕

① $\begin{array}{r} 537 \\ \times \quad 3 \\ \hline \end{array}$　② $\begin{array}{r} 419 \\ \times \quad 6 \\ \hline \end{array}$　③ $\begin{array}{r} 726 \\ \times \quad 4 \\ \hline \end{array}$

④ $\begin{array}{r} 318 \\ \times \quad 7 \\ \hline \end{array}$　⑤ $\begin{array}{r} 825 \\ \times \quad 4 \\ \hline \end{array}$　⑥ $\begin{array}{r} 514 \\ \times \quad 8 \\ \hline \end{array}$

2 つぎの計算をひっ算でしましょう。〔1 もん　10 点〕

① 629×4　② 835×3

③ 314×9　④ 518×6

90 3けた×1けた（たして百の位がくり上がる②）

れい

682×3のひっ算

$$\begin{array}{r} 682 \\ \times \quad 3 \\ \hline \end{array} \Rightarrow \begin{array}{r} 682 \\ \times \quad 3 \\ \hline 6 \end{array} \Rightarrow \begin{array}{r} 682 \\ \times \quad 3 \\ \hline 246 \end{array} \Rightarrow \begin{array}{r} 682 \\ \times \quad 3 \\ \hline 2046 \end{array}$$

（三二が 6）　（三八 24）（2 くり上がる）　（三六 18）（くり上げた 2 をたして 20）

1 つぎの計算をしましょう。〔1 もん　10 点〕

① $\begin{array}{r} 792 \\ \times \quad 4 \\ \hline \end{array}$　② $\begin{array}{r} 673 \\ \times \quad 3 \\ \hline \end{array}$　③ $\begin{array}{r} 381 \\ \times \quad 6 \\ \hline \end{array}$

④ $\begin{array}{r} 251 \\ \times \quad 8 \\ \hline \end{array}$　⑤ $\begin{array}{r} 581 \\ \times \quad 7 \\ \hline \end{array}$　⑥ $\begin{array}{r} 762 \\ \times \quad 4 \\ \hline \end{array}$

2 つぎの計算をひっ算でしましょう。〔1 もん　10 点〕

① 692×3　② 461×9

③ 851×6　④ 782×4

91 3けた×1けた（たして十，百の位がくり上がる）

とく点　　点

れい

874×7のひっ算

874 × 7	⇨ 874 × 7 = 28	⇨ 874 × 7 = 518	⇨ 874 × 7 = 6118
	（七四 28）（2 くり上がる）	（七七 49）（くり上げた 2 をたして 51 5 くり上がる）	（七八 56）（くり上げた 5 をたして 61）

1 つぎの計算をしましょう。〔1 もん　10 点〕

① 389 × 6

② 568 × 9

③ 775 × 4

④ 458 × 9

⑤ 486 × 7

⑥ 834 × 6

2 つぎの計算をひっ算でしましょう。〔1 もん　10 点〕

① 263×8

② 779×4

③ 858×7

④ 375×8

92 3けた×1けた（0がある計算，答えが4けた）

れい

$$\begin{array}{r} 410 \\ \times \quad 3 \\ \hline 1230 \end{array} \qquad \begin{array}{r} 308 \\ \times \quad 6 \\ \hline 1848 \end{array}$$

1 つぎの計算をしましょう。〔1もん　12点〕

① $\begin{array}{r} 340 \\ \times \quad 4 \\ \hline \end{array}$　② $\begin{array}{r} 503 \\ \times \quad 7 \\ \hline \end{array}$　③ $\begin{array}{r} 650 \\ \times \quad 8 \\ \hline \end{array}$

④ $\begin{array}{r} 409 \\ \times \quad 3 \\ \hline \end{array}$　⑤ $\begin{array}{r} 680 \\ \times \quad 6 \\ \hline \end{array}$　⑥ $\begin{array}{r} 804 \\ \times \quad 5 \\ \hline \end{array}$

2 つぎの計算をひっ算でしましょう。〔1もん　12点〕

① 570×6　② 406×5

3 1さつ850円の本を4さつ買いました。だい金は何円ですか。〔4点〕

しき

（　　　　）

93 まとめのれんしゅう

とく点

点

1 つぎの計算をあん算でしましょう。 〔1 もん 3 点〕

① 0×6　② 8×0

③ 900×4　④ 60×7

2 つぎの計算をしましょう。 〔1 もん 3 点〕

① 24×2　② 17×5　③ 40×4

④ 54×3　⑤ 19×8　⑥ 45×9

3 つぎの計算をしましょう。 〔1 もん 4 点〕

① 161×6　② 234×3　③ 340×2

④ 315×6　⑤ 642×4　⑥ 451×9

4 つぎの計算をしましょう。〔1 もん　4 点〕

①
$$\begin{array}{r} 49 \\ \times \quad 2 \\ \hline \end{array}$$

②
$$\begin{array}{r} 296 \\ \times \quad 2 \\ \hline \end{array}$$

③
$$\begin{array}{r} 73 \\ \times \quad 5 \\ \hline \end{array}$$

④
$$\begin{array}{r} 205 \\ \times \quad 4 \\ \hline \end{array}$$

⑤
$$\begin{array}{r} 50 \\ \times \quad 6 \\ \hline \end{array}$$

⑥
$$\begin{array}{r} 367 \\ \times \quad 4 \\ \hline \end{array}$$

5 つぎの計算をひっ算でしましょう。〔1 もん　4 点〕

① 36×8　② 217×4

③ 49×7　④ 855×6

6 1こ135円のりんごを8こ買いました。だい金は何円ですか。〔6 点〕

しき

(　　　　　)

94 ◆3つの数のかけ算

●×▲×■

$15 \times 3 \times 2 = 90$

3×2=6,
15×6=90
としてもできるよ。

1 つぎの計算をしましょう。 〔1 もん 4 点〕

① 4×2×3　　② 8×3×3

③ 6×4×2　　④ 5×2×4

2 つぎの計算をしましょう。 〔1 もん 4 点〕

① 18×3×2　　② 12×4×2

③ 20×2×4　　④ 37×3×3

3 つぎの計算をしましょう。 〔1 もん 4 点〕

① 300×2×3　　② 207×4×2

③ 125×2×2　　④ 216×2×5

4 つぎの計算をしましょう。 〔1 もん　5 点〕

① $9 \times 3 \times 2$

② $30 \times 2 \times 4$

③ $267 \times 5 \times 2$

④ $14 \times 3 \times 3$

⑤ $7 \times 4 \times 2$

⑥ $105 \times 2 \times 2$

⑦ $65 \times 2 \times 4$

⑧ $5 \times 2 \times 3$

⑨ $400 \times 2 \times 4$

⑩ $8 \times 2 \times 2$

5 1 こ 85 円のおかしが 1 はこに 4 こずつ入っています。2 はこ買うと，だい金は何円ですか。 〔2 点〕

しき

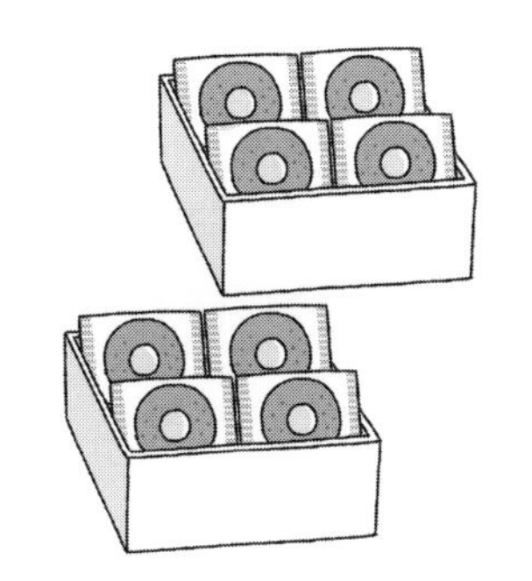

答え (　　　　)

◆かけ算のあん算

95 何十をかけるあん算

とく点　　点

れい

4×3＝12
4×30＝120
40×30＝1200

4×30は，4×3の答えを
10ばいするよ。
4×30＝4×3×10
　　　＝12×10
　　　＝120

1 つぎの計算をあん算でしましょう。〔1もん　8点〕

① 8×40　　② 6×70

③ 5×90　　④ 4×60

2 つぎの計算をあん算でしましょう。〔1もん　8点〕

① 30×60　　② 90×40

③ 70×20　　④ 10×80

3 つぎの計算をあん算でしましょう。〔1もん　8点〕

① 200×30　　② 400×20

③ 300×50　　④ 600×40

4 1つに6人ずつすわれる長いすが20こあります。ぜんぶで何人すわれますか。〔4点〕

しき

答え（　　　　）

◆かけ算のあん算

96 2けた×1けた

とく点
点

れい

34 × 2 = 68

34×2は,
30×2=60 ⎫
4×2=8 ⎭ あわせて 68
と考えられるね。

1 つぎの計算をあん算でしましょう。 〔1 もん 7 点〕

① 14 × 2　　② 32 × 3

③ 43 × 2　　④ 12 × 4

2 つぎの計算をあん算でしましょう。 〔1 もん 7 点〕

① 24 × 3　　② 16 × 5

③ 48 × 2　　④ 23 × 4

⑤ 32 × 4　　⑥ 43 × 5

⑦ 65 × 3　　⑧ 25 × 8

⑨ 36 × 5　　⑩ 87 × 2

3 1 こ 35 円のみかんを 4 こ買いました。だい金は何円ですか。〔2 点〕

しき

答え (　　　　)

◆かけ算のあん算

97 2けた×何十,何百何十×1けた

とく点　　点

れい

16 × 30 ＝ 480

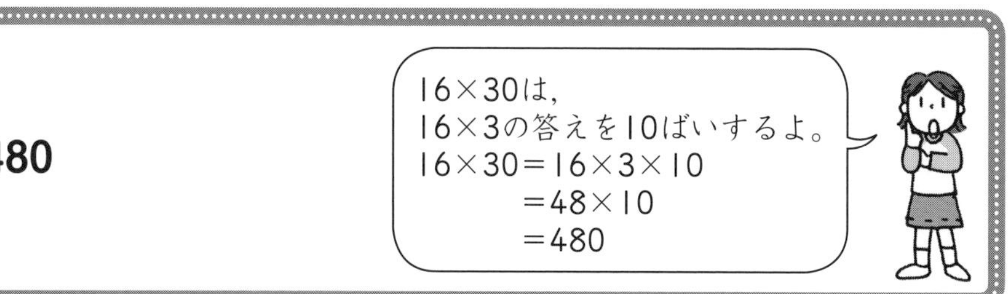

1 つぎの計算をあん算でしましょう。〔1 もん　6 点〕

① 13 × 30　② 12 × 40

③ 24 × 20　④ 15 × 60

⑤ 32 × 50　⑥ 26 × 40

2 つぎの計算をあん算でしましょう。〔1 もん　7 点〕

① 210 × 2　② 320 × 3

③ 160 × 5　④ 240 × 4

⑤ 460 × 2　⑥ 150 × 8

⑦ 520 × 3　⑧ 680 × 2

3 1 こ 25 円のチョコレートがあります。このチョコレート 20 こ分のだい金は何円ですか。〔8 点〕

しき

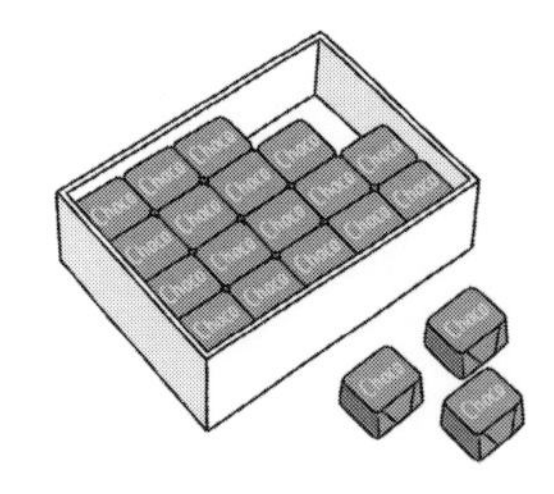

答え（　　　　）

98 2けた×2けた（かけ算がどの位(くらい)も1けた）

とく点　　点

れい

12×24のひっ算

$$\begin{array}{r} 12 \\ \times 24 \\ \hline \end{array} \Rightarrow \begin{array}{r} 12 \\ \times 24 \\ \hline 48 \end{array} \Rightarrow \begin{array}{r} 12 \\ \times 24 \\ \hline 48 \\ 24 \\ \hline \end{array} \Rightarrow \begin{array}{r} 12 \\ \times 24 \\ \hline 48 \\ 24 \\ \hline 288 \end{array}$$

（12×4）　（12×2）　（たす）

1 つぎの計算をしましょう。〔1 もん　12点〕

① $\begin{array}{r} 21 \\ \times 42 \\ \hline \end{array}$　② $\begin{array}{r} 32 \\ \times 31 \\ \hline \end{array}$　③ $\begin{array}{r} 24 \\ \times 12 \\ \hline \end{array}$

④ $\begin{array}{r} 13 \\ \times 23 \\ \hline \end{array}$　⑤ $\begin{array}{r} 11 \\ \times 54 \\ \hline \end{array}$　⑥ $\begin{array}{r} 32 \\ \times 21 \\ \hline \end{array}$

2 つぎの計算をひっ算でしましょう。〔1 もん　12点〕

① 14×21　② 33×12

3 ひなたさんのクラスは32人です。色紙を1人に12まいずつくばります。色紙は何まいあればよいでしょうか。〔4 点〕

しき

答え（　　　　）

◆2けたをかけるかけ算のひっ算

99 2けた×2けた（答えが3けた①）

とく点　　点

れい

18×32のひっ算

```
  18        18         18          18
 ×32   ⇨   ×32   ⇨   ×32   ⇨    ×32
 ----      ----       ----        ----
            36         36          36
                      54          54
                      ----        ----
                                  576
         (18×2)     (18×3)      (たす)
```

1 つぎの計算をしましょう。〔1もん　12点〕

① 24×41　② 14×63　③ 15×24

④ 19×42　⑤ 24×33　⑥ 42×21

2 つぎの計算をひっ算でしましょう。〔1もん　12点〕

① 27×32　② 15×62

3 あめを1ふくろに16こずつ入れます。24ふくろつくるには，あめは何こあればよいでしょうか。〔4点〕

しき

答え（　　　　　　）

◆2けたをかけるかけ算のひっ算

100 2けた×2けた（答えが3けた②）

とく点　　点

れい

24×34のひっ算

$$\begin{array}{r} 24 \\ \times 34 \\ \hline \end{array} \Rightarrow \begin{array}{r} 24 \\ \times 34 \\ \hline 96 \end{array} \Rightarrow \begin{array}{r} 24 \\ \times 34 \\ \hline 96 \\ 72 \\ \hline \end{array} \Rightarrow \begin{array}{r} 24 \\ \times 34 \\ \hline 96 \\ 72 \\ \hline 816 \end{array}$$

（24×4）　（24×3）　（たす）

1 つぎの計算をしましょう。〔1もん　10点〕

① $\begin{array}{r} 23 \\ \times 32 \\ \hline \end{array}$　② $\begin{array}{r} 42 \\ \times 12 \\ \hline \end{array}$　③ $\begin{array}{r} 38 \\ \times 22 \\ \hline \end{array}$

④ $\begin{array}{r} 15 \\ \times 34 \\ \hline \end{array}$　⑤ $\begin{array}{r} 11 \\ \times 85 \\ \hline \end{array}$　⑥ $\begin{array}{r} 14 \\ \times 36 \\ \hline \end{array}$

2 つぎの計算をひっ算でしましょう。〔1もん　10点〕

① 21×43　② 37×12

③ 25×32　④ 22×24

◆2けたをかけるかけ算のひっ算

101 2けた×2けた（答えが3けた③）

とく点　　点

れい

23×28のひっ算

```
  23        23        23         23
×28   ⇨  ×28    ⇨  ×28    ⇨  ×28
           184        184        184
                       46         46
                                 644
        (23×8)     (23×2)     (たす)
```

1 つぎの計算をしましょう。〔1もん　12点〕

① 32×28　② 24×26　③ 35×14

④ 43×23　⑤ 34×25　⑥ 62×13

2 つぎの計算をひっ算でしましょう。〔1もん　12点〕

① 24×27　② 36×14

3 1本25円のえんぴつを24本買います。だい金は何円ですか。〔4点〕

しき

答え（　　　　）

◆2けたをかけるかけ算のひっ算

102 2けた×2けた（答えが4けた①）

とく点　　点

れい

36×28のひっ算

$$\begin{array}{r} 36 \\ \times 28 \\ \hline \end{array} \Rightarrow \begin{array}{r} 36 \\ \times 28 \\ \hline 288 \end{array} \Rightarrow \begin{array}{r} 36 \\ \times 28 \\ \hline 288 \\ 72 \\ \hline \end{array} \Rightarrow \begin{array}{r} 36 \\ \times 28 \\ \hline 288 \\ 72 \\ \hline 1008 \end{array}$$

（36×8）　（36×2）　（たす）

1 つぎの計算をしましょう。〔1 もん　12点〕

① $\begin{array}{r} 47 \\ \times 25 \\ \hline \end{array}$　② $\begin{array}{r} 28 \\ \times 37 \\ \hline \end{array}$　③ $\begin{array}{r} 23 \\ \times 48 \\ \hline \end{array}$

④ $\begin{array}{r} 84 \\ \times 13 \\ \hline \end{array}$　⑤ $\begin{array}{r} 26 \\ \times 39 \\ \hline \end{array}$　⑥ $\begin{array}{r} 45 \\ \times 26 \\ \hline \end{array}$

2 つぎの計算をひっ算でしましょう。〔1 もん　12点〕

① 32×36　② 39×27

3 はるとさんのクラスで，工作につかう竹ひごを1人27本ずつくばります。38人では竹ひごは何本あればよいでしょうか。〔4 点〕

しき

答え（　　　　）

◆2けたをかけるかけ算のひっ算

103 2けた×2けた（答えが4けた②）

とく点　　　点

れい

24×63のひっ算

```
  24        24        24        24
 ×63   ⇨   ×63       ×63       ×63
            72        72        72
                     144       144
                               1512
         (24×3)    (24×6)     (たす)
```

1 つぎの計算をしましょう。〔1もん　12点〕

① 36×41　② 27×53　③ 23×82

④ 35×42　⑤ 46×71　⑥ 34×62

2 つぎの計算をひっ算でしましょう。〔1もん　12点〕

① 24×83　② 47×32

3 1はこに24こずつびわが入ったはこが64はこあります。びわは，ぜんぶで何こありますか。〔4点〕

しき

答え（　　　　）

◆2けたをかけるかけ算のひっ算

104 2けた×2けた（答えが4けた③）

とく点　　点

れい

32×69のひっ算

$$\begin{array}{r} 32 \\ \times 69 \\ \hline \end{array} \Rightarrow \begin{array}{r} 32 \\ \times 69 \\ \hline 288 \end{array} \Rightarrow \begin{array}{r} 32 \\ \times 69 \\ \hline 288 \\ 192 \\ \hline \end{array} \Rightarrow \begin{array}{r} 32 \\ \times 69 \\ \hline 288 \\ 192 \\ \hline 2208 \end{array}$$

（32×9）　（32×6）　（たす）

1 つぎの計算をしましょう。〔1もん　12点〕

① $\begin{array}{r} 36 \\ \times 54 \\ \hline \end{array}$　② $\begin{array}{r} 42 \\ \times 67 \\ \hline \end{array}$　③ $\begin{array}{r} 45 \\ \times 36 \\ \hline \end{array}$

④ $\begin{array}{r} 83 \\ \times 64 \\ \hline \end{array}$　⑤ $\begin{array}{r} 34 \\ \times 59 \\ \hline \end{array}$　⑥ $\begin{array}{r} 48 \\ \times 65 \\ \hline \end{array}$

2 つぎの計算をひっ算でしましょう。〔1もん　12点〕

① 28×46　② 76×59

3 りんご１このねだんは85円だそうです。このりんご23こでは何円になりますか。〔4点〕

しき

答え（　　　　）

◆2けたをかけるかけ算のひっ算

105 何十×2けた

とく点 点

れい

```
  30       70
×21      ×45
  30      350
 60      280
 630     3150
```

1 つぎの計算をしましょう。〔1もん 12点〕

① 60×28

② 50×17

③ 40×35

④ 70×64

⑤ 30×96

⑥ 80×32

2 つぎの計算をひっ算でしましょう。〔1もん 12点〕

① 40×87

② 80×65

3 1本60円のえんぴつを34本買います。だい金は何円になりますか。〔4点〕

しき

答え（　　　　）

106 2けた×何十

◆2けたをかけるかけ算のひっ算

とく点　　点

れい

14×20のひっ算

$$\begin{array}{r} 14 \\ \times 20 \\ \hline \end{array} \Rightarrow \begin{array}{r} 14 \\ \times 20 \\ \hline 280 \end{array}$$

1 つぎの計算をしましょう。　〔1 もん　12点〕

① $\begin{array}{r} 26 \\ \times 30 \\ \hline \end{array}$　② $\begin{array}{r} 49 \\ \times 20 \\ \hline \end{array}$　③ $\begin{array}{r} 73 \\ \times 60 \\ \hline \end{array}$

④ $\begin{array}{r} 35 \\ \times 40 \\ \hline \end{array}$　⑤ $\begin{array}{r} 25 \\ \times 80 \\ \hline \end{array}$　⑥ $\begin{array}{r} 46 \\ \times 90 \\ \hline \end{array}$

2 つぎの計算をひっ算でしましょう。　〔1 もん　12点〕

① 67×80　② 45×60

3 1はこにりんごが24こ入ったはこが，30ぱこあります。りんごは，ぜんぶで何こありますか。　〔4 点〕

しき

答え（　　　　）

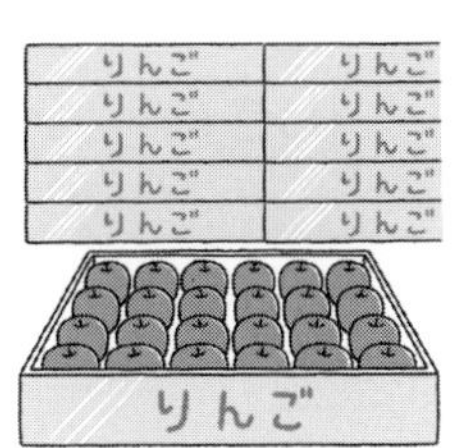

◆2けたをかけるかけ算のひっ算

107 3けた×2けた（答えが4けた）

とく点　　点

れい

312×23のひっ算

```
  312        312        312        312
× 23   ⇨  × 23   ⇨  × 23   ⇨  × 23
           936        936        936
                     624        624
                                7176
         (312×3)    (312×2)     (たす)
```

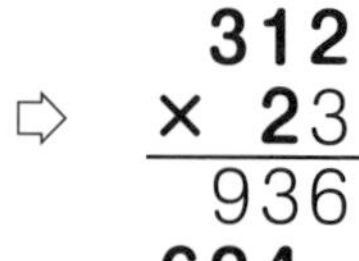

1 つぎの計算をしましょう。　〔1 もん　12点〕

①
```
  218
×  36
```

②
```
  124
×  67
```

③
```
  346
×  25
```

④
```
  432
×  14
```

⑤
```
  295
×  32
```

⑥
```
  125
×  48
```

2 つぎの計算をひっ算でしましょう。　〔1 もん　12点〕

① 326×23　　② 275×34

3 子ども会で，1さつ145円のノートを24さつ買います。だい金はぜんぶで何円になりますか。　〔4 点〕

しき

答え（　　　　　）

◆2けたをかけるかけ算のひっ算

108 3けた×2けた（答えが5けた①）

とく点 点

れい

342×32のひっ算

```
  342       342       342        342
×  32  ⇨  ×  32  ⇨  ×  32  ⇨  ×  32
            684       684        684
                     1026       1026
                                10944
       (342×2)   (342×3)     (たす)
```

1 つぎの計算をしましょう。 〔1もん 12点〕

① 263×48　② 471×26　③ 134×85

④ 392×34　⑤ 268×45　⑥ 173×62

2 つぎの計算をひっ算でしましょう。 〔1もん 12点〕

① 456×28　② 182×65

3 こはるさんのクラスで遠足のひ用を1人345円ずつあつめました。32人では，ぜんぶで何円になりますか。 〔4点〕

しき

答え（　　　　）

◆2けたをかけるかけ算のひっ算

109 3けた×2けた（答えが5けた②）

とく点　　点

れい

321×46のひっ算

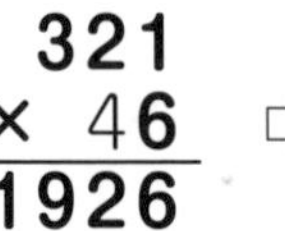

```
  321        321        321        321
×  46  ⇨  ×  46  ⇨  ×  46  ⇨  ×  46
          1926       1926       1926
                    1284       1284
                               14766
       (321×6)     (321×4)     (たす)
```

1 つぎの計算をしましょう。〔1もん　12点〕

① $\begin{array}{r} 435 \\ \times\ 63 \\ \hline \end{array}$　② $\begin{array}{r} 269 \\ \times\ 87 \\ \hline \end{array}$　③ $\begin{array}{r} 734 \\ \times\ 35 \\ \hline \end{array}$

④ $\begin{array}{r} 316 \\ \times\ 54 \\ \hline \end{array}$　⑤ $\begin{array}{r} 428 \\ \times\ 75 \\ \hline \end{array}$　⑥ $\begin{array}{r} 236 \\ \times\ 89 \\ \hline \end{array}$

2 つぎの計算をひっ算でしましょう。〔1もん　12点〕

① 641×38　② 573×42

3 子ども会で，1こ425円のべん当を36こ買います。だい金はぜんぶで何円になりますか。〔4点〕

しき

答え（　　　　）

110 3けた×何十

れい

341×60のひっ算

```
  341         341
×  60  ⇨   ×  60
          ------
           20460
```

```
   341
 ×  60
 -----
   000  ←000は
 2046     書かなくても
 -----    いいね。
 20460
```

1 つぎの計算をしましょう。 〔1もん 20点〕

① 296×40

② 482×50

③ 753×60

④ 629×30

⑤ 391×80

ひとやすみ

◆ふしぎな数

2519という数は，とてもふしぎな数です。2519を1，2，3，…，10でじゅんにわっていきましょう。どんなところがふしぎなのかわかります。

2519÷1＝2519 あまり0
2519÷2＝1259 あまり1
2519÷3＝ 839 あまり2
2519÷4＝ 629 あまり3
2519÷5＝ 503 あまり4

2519÷6 ＝419 あまり5
2519÷7 ＝359 あまり6
2519÷8 ＝314 あまり7
2519÷9 ＝279 あまり8
2519÷10＝251 あまり9

わる数を1，2，3，…としてじゅんにわっていくと，あまりも0，1，2，3，…とじゅんにならんでいます。2519という数のふしぎがわかりましたね。

◆2けたをかけるかけ算のひっ算

111 3けた×2けた（0がある計算）

とく点　　点

れい

```
   210        403
×  36      ×  62
  1260        806
  630       2418
  7560      24986
```

1 つぎの計算をしましょう。〔1もん　12点〕

```
① 420      ② 506      ③ 200
 ×  29      ×  37      ×  43

④ 309      ⑤ 600      ⑥ 802
 ×  68      ×  89      ×  45
```

2 つぎの計算をひっ算でしましょう。〔1もん　12点〕

① 640×35　　② 407×82

3 ももかさんのクラスでゆうえん地に行きます。入えんりょうは１人650円で，クラスの人数は32人です。ぜんぶで何円になりますか。

〔4点〕

しき

答え（　　　　　）

112 3けた×何十（0がある計算）

とく点
点

れい

403×30のひっ算

$$\begin{array}{r} 403 \\ \times\ \ 30 \\ \hline \end{array} \Rightarrow \begin{array}{r} \mathbf{403} \\ \times\ \ \mathbf{3}0 \\ \hline \mathbf{1209}0 \end{array}$$

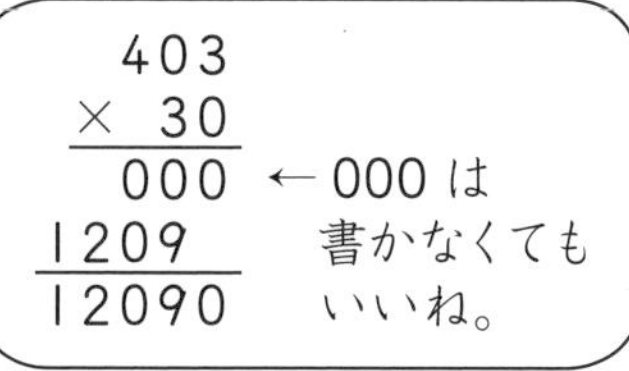

1 つぎの計算をしましょう。 〔1もん 12点〕

① $\begin{array}{r} 470 \\ \times\ \ 30 \\ \hline \end{array}$　② $\begin{array}{r} 800 \\ \times\ \ 60 \\ \hline \end{array}$　③ $\begin{array}{r} 309 \\ \times\ \ 40 \\ \hline \end{array}$

④ $\begin{array}{r} 604 \\ \times\ \ 50 \\ \hline \end{array}$　⑤ $\begin{array}{r} 703 \\ \times\ \ 80 \\ \hline \end{array}$　⑥ $\begin{array}{r} 400 \\ \times\ \ 90 \\ \hline \end{array}$

2 つぎの計算をひっ算でしましょう。 〔1もん 12点〕

① 860×70　② 305×60

3 子ども会で，1こ650円のボールを30こ買います。だい金は何円になりますか。 〔4点〕

しき

答え（　　　　）

113 まとめのれんしゅう

1 つぎの計算をあん算でしましょう。〔1 もん　3 点〕

① 7×80　　② 36×2

③ 23×40　　④ 120×5

2 つぎの計算をしましょう。〔1 もん　3 点〕

① $\begin{array}{r} 12 \\ \times 24 \\ \hline \end{array}$　② $\begin{array}{r} 43 \\ \times 21 \\ \hline \end{array}$　③ $\begin{array}{r} 61 \\ \times 15 \\ \hline \end{array}$

④ $\begin{array}{r} 23 \\ \times 81 \\ \hline \end{array}$　⑤ $\begin{array}{r} 95 \\ \times 43 \\ \hline \end{array}$　⑥ $\begin{array}{r} 56 \\ \times 90 \\ \hline \end{array}$

3 つぎの計算をしましょう。〔1 もん　4 点〕

① $\begin{array}{r} 324 \\ \times \quad 28 \\ \hline \end{array}$　② $\begin{array}{r} 295 \\ \times \quad 63 \\ \hline \end{array}$　③ $\begin{array}{r} 348 \\ \times \quad 35 \\ \hline \end{array}$

④ $\begin{array}{r} 389 \\ \times \quad 80 \\ \hline \end{array}$　⑤ $\begin{array}{r} 620 \\ \times \quad 47 \\ \hline \end{array}$　⑥ $\begin{array}{r} 507 \\ \times \quad 60 \\ \hline \end{array}$

4 つぎの計算をしましょう。〔1 もん　4 点〕

① $\begin{array}{r} 26 \\ \times\ 32 \\ \hline \end{array}$

② $\begin{array}{r} 435 \\ \times\ 18 \\ \hline \end{array}$

③ $\begin{array}{r} 37 \\ \times\ 36 \\ \hline \end{array}$

④ $\begin{array}{r} 172 \\ \times\ 84 \\ \hline \end{array}$

⑤ $\begin{array}{r} 40 \\ \times\ 97 \\ \hline \end{array}$

⑥ $\begin{array}{r} 806 \\ \times\ 29 \\ \hline \end{array}$

5 つぎの計算をひっ算でしましょう。〔1 もん　4 点〕

① 67×70

② 437×36

③ 59×34

④ 605×49

6 クッキー1はこのねだんは220円です。このクッキー12はこでは何円になりますか。〔6 点〕

しき

答え（　　　　　）

114 かけ算のまとめ

とく点　　点

1 つぎの計算をしましょう。　〔1 もん　3 点〕

① 18×3

② 75×6

③ 46×9

2 つぎの計算をしましょう。　〔1 もん　4 点〕

① 235×3

② 394×2

③ 506×7

④ 654×5

⑤ 347×3

3 つぎの計算をしましょう。　〔1 もん　4 点〕

① 18×54

② 60×39

③ 27×85

④ 267×83

⑤ 602×79

4 つぎの計算をしましょう。〔1 もん　4 点〕

① $\begin{array}{r} 68 \\ \times \quad 3 \\ \hline \end{array}$

② $\begin{array}{r} 94 \\ \times 80 \\ \hline \end{array}$

③ $\begin{array}{r} 684 \\ \times \quad 6 \\ \hline \end{array}$

④ $\begin{array}{r} 70 \\ \times \quad 9 \\ \hline \end{array}$

⑤ $\begin{array}{r} 345 \\ \times \quad 26 \\ \hline \end{array}$

⑥ $\begin{array}{r} 563 \\ \times \quad 9 \\ \hline \end{array}$

⑦ $\begin{array}{r} 34 \\ \times \quad 6 \\ \hline \end{array}$

⑧ $\begin{array}{r} 248 \\ \times \quad 4 \\ \hline \end{array}$

⑨ $\begin{array}{r} 82 \\ \times \quad 5 \\ \hline \end{array}$

⑩ $\begin{array}{r} 680 \\ \times \quad 30 \\ \hline \end{array}$

⑪ $\begin{array}{r} 486 \\ \times \quad 7 \\ \hline \end{array}$

5 ひろとさんのクラスで，えんげきを見に行くことになりました。えんげきのだい金は 360 円です。24 人分では何円になりますか。〔7 点〕

しき

（　　　　　）

115 1より小さい小数のたし算

れい

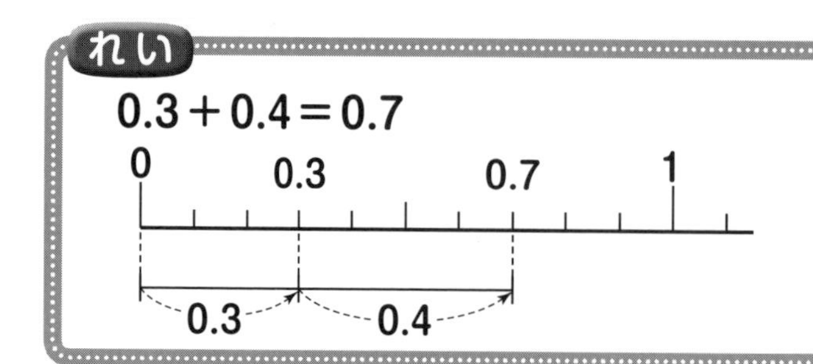

1 つぎの計算をしましょう。〔1 もん 6 点〕

① 0.4＋0.2　　② 0.7＋0.1

③ 0.3＋0.5　　④ 0.1＋0.2

⑤ 0.6＋0.1　　⑥ 0.3＋0.6

⑦ 0.4＋0.4　　⑧ 0.2＋0.7

⑨ 0.1＋0.5　　⑩ 0.6＋0.3

⑪ 0.2＋0.3　　⑫ 0.1＋0.1

⑬ 0.5＋0.2　　⑭ 0.8＋0.1

⑮ 0.3＋0.3　　⑯ 0.2＋0.2

2 オレンジジュースがびんに 0.6 L，コップに 0.2 L あります。オレンジジュースは，あわせて何 L ありますか。〔4 点〕

しき

答え（　　　　）

◆小数のたし算

116 1より大きい小数のたし算

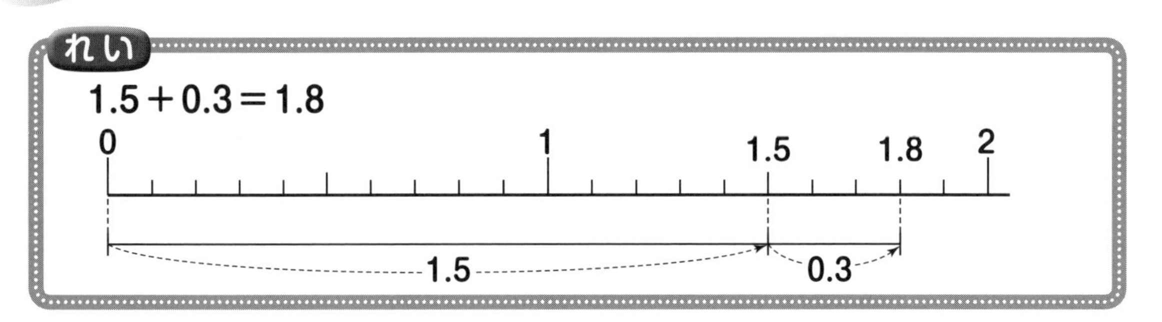

1 つぎの計算をしましょう。〔1 もん　6 点〕

① 1.2＋0.4　② 1.3＋0.5

③ 2.4＋0.3　④ 3.6＋0.2

⑤ 0.6＋1.2　⑥ 0.8＋1.1

⑦ 0.1＋2.5　⑧ 0.2＋3.4

⑨ 2.3＋0.4　⑩ 4.1＋0.6

⑪ 0.4＋5.2　⑫ 0.3＋2.5

⑬ 0.7＋3.1　⑭ 2.4＋0.4

⑮ 2.3＋0.2　⑯ 0.5＋4.2

2 しょうゆが大きいびんに1.2 L，小さいびんに0.5 L入っています。しょうゆは，あわせて何Lありますか。〔4 点〕

しき

答え（　　　　）

◆小数のたし算

117 小数のたし算のひっ算

とく点　　点

れい

$$\begin{array}{r} 1.5 \\ +0.4 \\ \hline 1.9 \end{array} \qquad \begin{array}{r} 1.2 \\ +1.3 \\ \hline 2.5 \end{array}$$

小数のたし算の
ひっ算は，小数点の
いちをそろえよう。

1 つぎの計算をしましょう。〔1 もん　10 点〕

① $\begin{array}{r} 1.1 \\ +0.6 \\ \hline \end{array}$　② $\begin{array}{r} 1.4 \\ +0.2 \\ \hline \end{array}$　③ $\begin{array}{r} 2.2 \\ +0.7 \\ \hline \end{array}$

④ $\begin{array}{r} 0.6 \\ +3.2 \\ \hline \end{array}$　⑤ $\begin{array}{r} 0.3 \\ +4.5 \\ \hline \end{array}$　⑥ $\begin{array}{r} 0.4 \\ +2.3 \\ \hline \end{array}$

2 つぎの計算をしましょう。〔1 もん　10 点〕

① $\begin{array}{r} 1.6 \\ +1.3 \\ \hline \end{array}$　② $\begin{array}{r} 4.3 \\ +3.1 \\ \hline \end{array}$　③ $\begin{array}{r} 2.5 \\ +1.2 \\ \hline \end{array}$

3 あぶらが，かんに 2.4 L，びんに 1.2 L 入っています。あぶらは，あわせて何 L ありますか。〔10 点〕

しき

答え（　　　　）

◆小数のたし算

118 答えがせい数

とく点　　点

れい

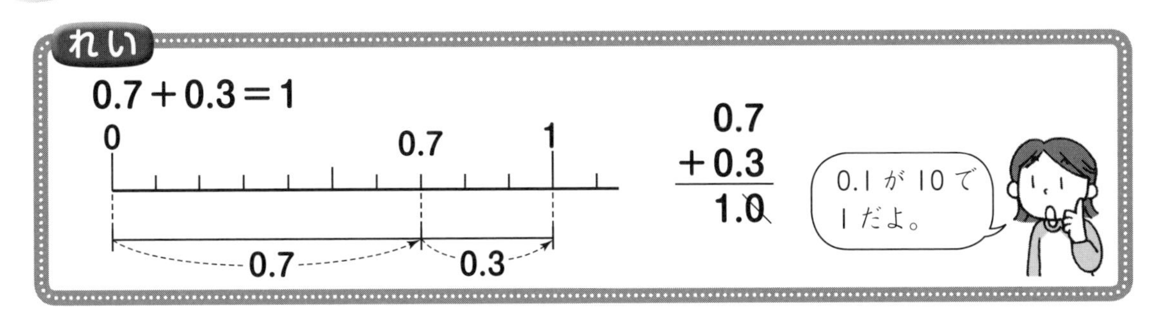

1 つぎの計算をしましょう。〔1 もん　9 点〕

① 0.4＋0.6　② 0.8＋0.2

③ 2.7＋0.3　④ 1.9＋2.1

2 つぎの計算をしましょう。〔1 もん　10 点〕

① 0.1＋0.9　② 0.5＋0.5　③ 1.8＋0.2

④ 0.7＋1.3　⑤ 2.4＋1.6　⑥ 3.5＋2.5

3 工作で，赤いテープを 0.6m，白いテープを 0.4m つかいました。あわせて何 m つかいましたか。〔4 点〕

しき

答え（　　　　）

◆小数のたし算

119 小数＋せい数，せい数＋小数

とく点　　点

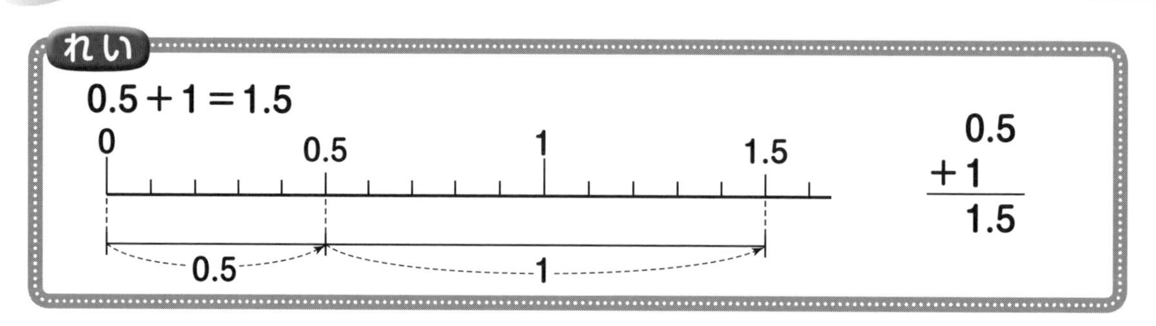

1 つぎの計算をしましょう。〔1 もん　9 点〕

① 0.2＋1　　② 1＋0.4

③ 1.3＋1　　④ 2＋2.5

2 つぎの計算をしましょう。〔1 もん　10 点〕

① 0.7 ＋1　　② 1 ＋0.6　　③ 1.4 ＋1

④ 1.8 ＋2　　⑤ 3 ＋2.3　　⑥ 6 ＋1.5

3 リボンを 1m つかいました。まだ，リボンは 0.8m のこっています。はじめにリボンは何 m ありましたか。〔4 点〕

しき

答え（　　　　）

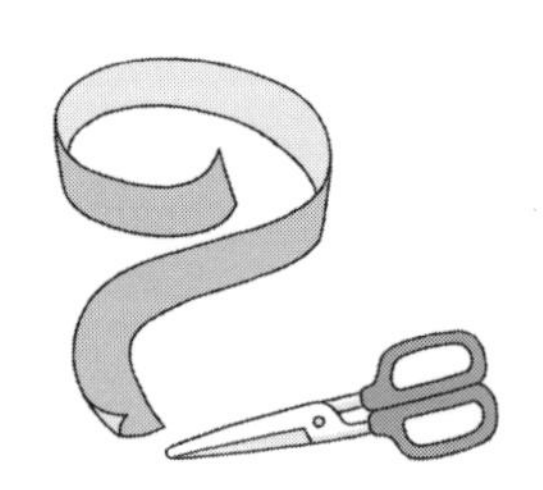

120 くり上がる計算

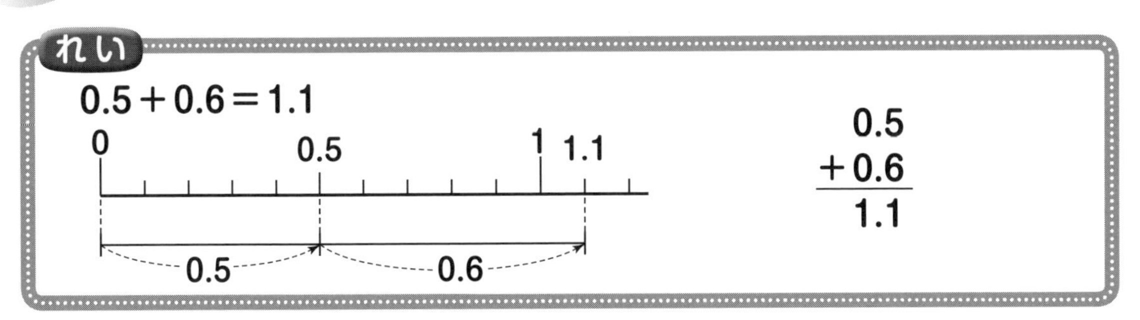

1 つぎの計算をしましょう。〔1 もん　9 点〕

① 0.7＋0.4　② 0.5＋0.8

③ 1.9＋0.3　④ 1.6＋1.6

2 つぎの計算をしましょう。〔1 もん　10 点〕

① 0.6＋0.9　② 0.8＋0.7　③ 1.7＋0.5

④ 0.4＋2.8　⑤ 1.9＋1.4　⑥ 3.6＋2.5

3 ひなたさんは，毛糸でひもをあんでいます。きのうまでに0.8m あみました。きょうは0.4m あみました。ひもの長さは何 m になりましたか。〔4 点〕

しき

答え（　　　　）

121 1より小さい小数のひき算

れい

0.8－0.3＝0.5

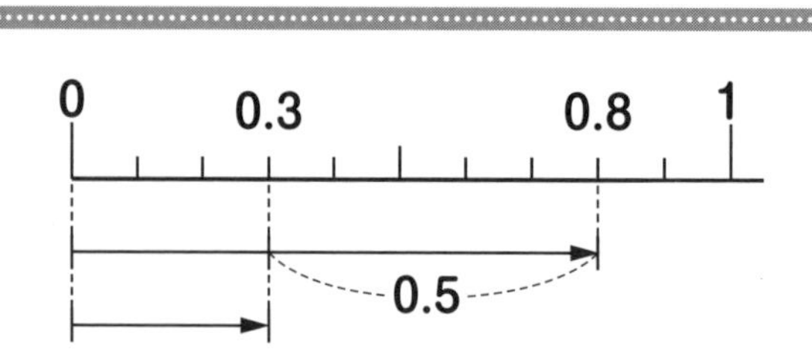

1 つぎの計算をしましょう。〔1 もん 6 点〕

① 0.5－0.4　② 0.7－0.3

③ 0.9－0.6　④ 0.4－0.1

⑤ 0.8－0.2　⑥ 0.6－0.5

⑦ 0.3－0.1　⑧ 0.9－0.2

⑨ 0.7－0.4　⑩ 0.5－0.1

⑪ 0.6－0.3　⑫ 0.8－0.7

⑬ 0.4－0.2　⑭ 0.2－0.1

⑮ 0.9－0.5　⑯ 0.8－0.4

2 ジュースが 0.9 L あります。そのうち 0.4 L のみました。ジュースは何 L のこっていますか。〔4 点〕

しき

答え（　　　　）

◆小数のひき算

122 1より大きい小数のひき算

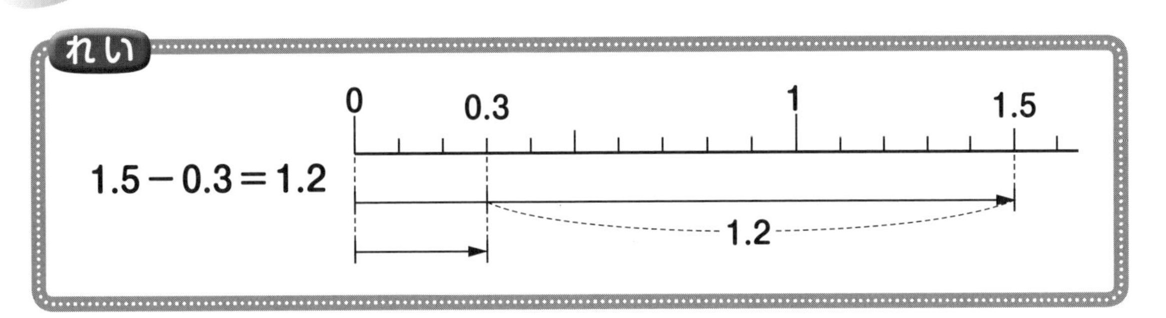

1 つぎの計算をしましょう。〔1 もん　6 点〕

① 1.8－0.6　　② 1.6－0.5

③ 1.4－0.1　　④ 1.9－0.3

⑤ 2.7－0.6　　⑥ 2.5－0.2

⑦ 1.3－0.1　　⑧ 1.7－0.4

⑨ 3.6－0.3　　⑩ 3.4－0.3

⑪ 1.9－0.7　　⑫ 1.8－0.5

⑬ 4.8－0.3　　⑭ 4.9－0.6

⑮ 1.6－0.1　　⑯ 1.4－0.2

2 しょうゆが 1.8L あります。そのうち 0.2L つかいました。しょうゆは何Lのこっていますか。〔4 点〕

しき

答え（　　　　）

◆小数のひき算

123 小数のひき算のひっ算

とく点　　点

れい

$$\begin{array}{r} 1.7 \\ -\,0.5 \\ \hline 1.2 \end{array} \qquad \begin{array}{r} 1.6 \\ -\,1.2 \\ \hline 0.4 \end{array}$$

小数のひき算のひっ算は，小数点のいちをそろえよう。

1 つぎの計算をしましょう。〔1 もん　10 点〕

① $\begin{array}{r} 1.5 \\ -\,0.2 \\ \hline \end{array}$　② $\begin{array}{r} 1.9 \\ -\,0.8 \\ \hline \end{array}$　③ $\begin{array}{r} 3.6 \\ -\,0.6 \\ \hline \end{array}$

2 つぎの計算をしましょう。〔1 もん　10 点〕

① $\begin{array}{r} 1.8 \\ -\,1.4 \\ \hline \end{array}$　② $\begin{array}{r} 2.7 \\ -\,2.1 \\ \hline \end{array}$　③ $\begin{array}{r} 3.9 \\ -\,3.6 \\ \hline \end{array}$

④ $\begin{array}{r} 2.6 \\ -\,1.2 \\ \hline \end{array}$　⑤ $\begin{array}{r} 3.8 \\ -\,1.6 \\ \hline \end{array}$　⑥ $\begin{array}{r} 4.5 \\ -\,1.5 \\ \hline \end{array}$

3 赤いテープが 1.2m，白いテープが 1.7m あります。ちがいは何 m ですか。〔10 点〕

しき

答え（　　　　）

◆小数のひき算

124 小数ーせい数

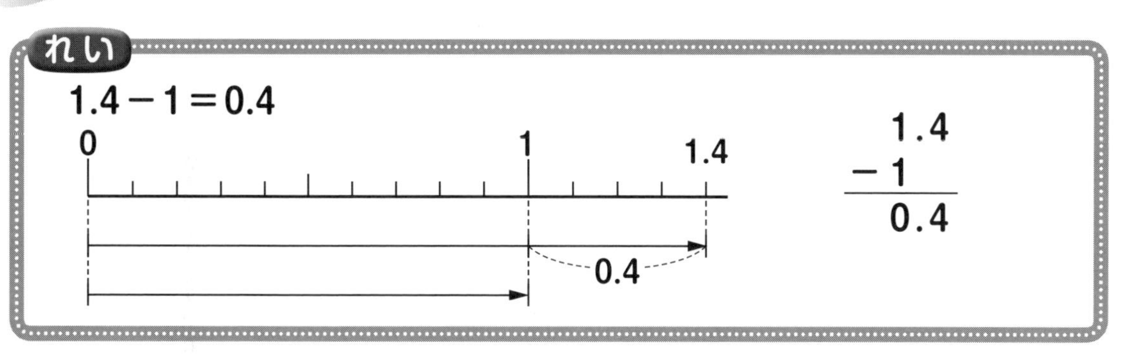

1 つぎの計算をしましょう。〔1 もん　9 点〕

① 1.7－1　　② 2.5－2

③ 3.8－2　　④ 5.4－3

2 つぎの計算をしましょう。〔1 もん　10 点〕

① 1.3 －1　　② 3.4 －3　　③ 5.6 －5

④ 4.2 －3　　⑤ 6.7 －1　　⑥ 7.9 －2

3 リボンが 1.6m ありました。工作で 1m つかいました。のこったリボンは何 m ですか。〔4 点〕

しき

答え（　　　　）

◆小数のひき算

125 せい数－小数

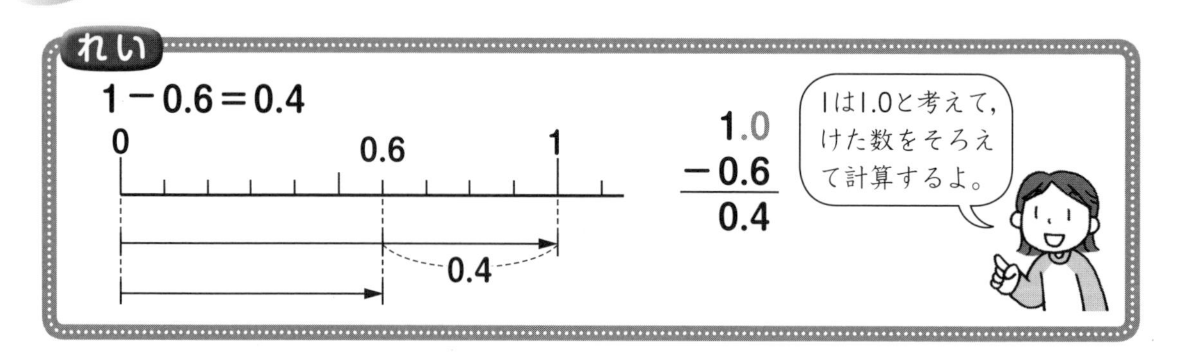

1 つぎの計算をしましょう。〔1もん　9点〕

① 1－0.2　② 1－0.7

③ 2－0.3　④ 3－1.9

2 つぎの計算をしましょう。〔1もん　10点〕

① 1－0.5　② 1－0.4　③ 2－0.6

④ 3－0.1　⑤ 5－1.7　⑥ 4－2.8

3 牛にゅうが1Lあります。そのうち0.3Lのみました。のこりは何Lですか。〔4点〕

しき

答え（　　　　）

◆小数のひき算

126 くり下がる計算

れい

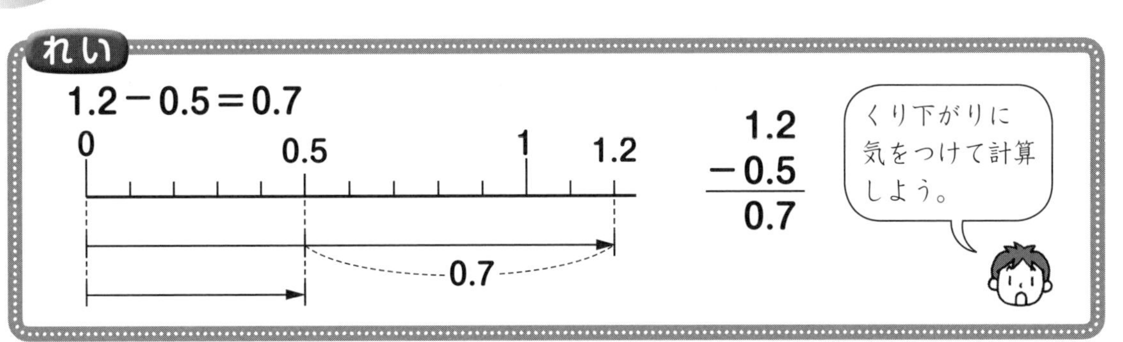

1 つぎの計算をしましょう。 〔1 もん 9 点〕

① 1.4－0.6　　② 1.1－0.4

③ 2.3－0.5　　④ 3.5－1.8

2 つぎの計算をしましょう。 〔1 もん 10点〕

① $\begin{array}{r} 1.7 \\ -0.9 \\ \hline \end{array}$　② $\begin{array}{r} 1.2 \\ -0.7 \\ \hline \end{array}$　③ $\begin{array}{r} 2.2 \\ -0.6 \\ \hline \end{array}$

④ $\begin{array}{r} 4.4 \\ -0.8 \\ \hline \end{array}$　⑤ $\begin{array}{r} 3.1 \\ -1.5 \\ \hline \end{array}$　⑥ $\begin{array}{r} 5.1 \\ -2.4 \\ \hline \end{array}$

3 あぶらがびんに 0.8 L，かんに 1.4 L 入っています。どちらが何 L 多いですか。 〔4 点〕

しき

答え（　　　　　　　　　　）

127 小数のたし算とひき算のまとめ

とく点　　点

1 つぎの計算をしましょう。〔1 もん　2 点〕

① 0.8＋0.3　　② 1＋0.1

③ 3.4＋1.5　　④ 1.6＋0.4

⑤ 0.2＋2　　⑥ 3.8＋2.9

⑦ 1.4＋0.8　　⑧ 0.5＋0.3

⑨ 6＋2.4　　⑩ 1.2＋2.3

⑪ 1.3＋0.6　　⑫ 25＋1.9

2 つぎの計算をしましょう。〔1 もん　2 点〕

① 1.1－0.2　　② 3－0.3

③ 0.7－0.6　　④ 3.4－1

⑤ 5.6－2.3　　⑥ 1－0.3

⑦ 4.8－0.8　　⑧ 1.3－0.9

⑨ 3.2－1.5　　⑩ 4.7－0.6

⑪ 7.1－4　　⑫ 5.3－3.7

3 つぎの計算をしましょう。 〔1 もん 3 点〕

① $\begin{array}{r} 1.4 \\ +0.6 \\ \hline \end{array}$	② $\begin{array}{r} 1 \\ -0.1 \\ \hline \end{array}$	③ $\begin{array}{r} 0.9 \\ +0.5 \\ \hline \end{array}$
④ $\begin{array}{r} 2.8 \\ -1.2 \\ \hline \end{array}$	⑤ $\begin{array}{r} 2.3 \\ +1.3 \\ \hline \end{array}$	⑥ $\begin{array}{r} 1.2 \\ -0.4 \\ \hline \end{array}$
⑦ $\begin{array}{r} 0.5 \\ +1.5 \\ \hline \end{array}$	⑧ $\begin{array}{r} 4.1 \\ -4 \\ \hline \end{array}$	⑨ $\begin{array}{r} 1.7 \\ +0.3 \\ \hline \end{array}$
⑩ $\begin{array}{r} 3.4 \\ -2 \\ \hline \end{array}$	⑪ $\begin{array}{r} 3 \\ +0.8 \\ \hline \end{array}$	⑫ $\begin{array}{r} 1.7 \\ -0.7 \\ \hline \end{array}$
⑬ $\begin{array}{r} 1.6 \\ +5 \\ \hline \end{array}$	⑭ $\begin{array}{r} 7.1 \\ -2.9 \\ \hline \end{array}$	⑮ $\begin{array}{r} 0.4 \\ +0.5 \\ \hline \end{array}$

4 赤いテープが 1.2m あります。青いテープは赤いテープより 0.3m みじかいそうです。青いテープの長さは何 m ですか。 〔7 点〕

しき

答え（　　　　　）

128 分数のたし算①

とく点

点

れい

$\frac{1}{4}+\frac{2}{4}=\frac{3}{4}$

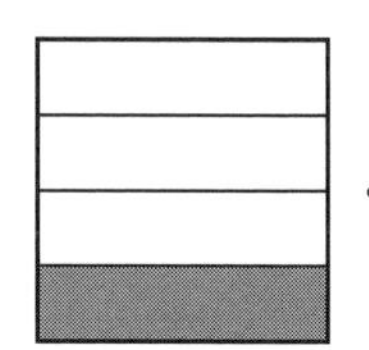 + 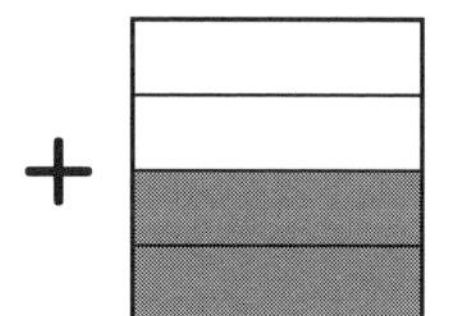 = 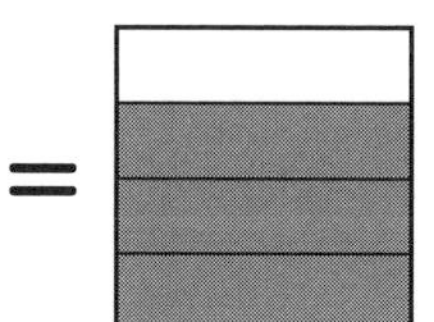

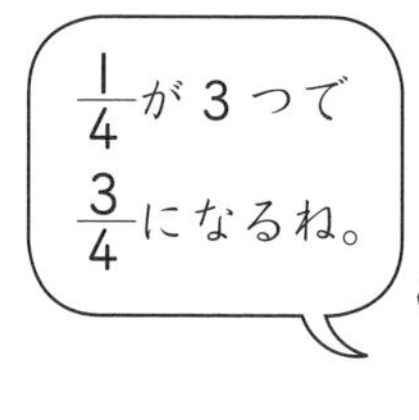

1 つぎの計算をしましょう。〔1 もん　12 点〕

① $\frac{1}{5}+\frac{3}{5}$　　② $\frac{3}{7}+\frac{2}{7}$

③ $\frac{1}{3}+\frac{1}{3}$　　④ $\frac{5}{8}+\frac{2}{8}$

⑤ $\frac{3}{9}+\frac{1}{9}$　　⑥ $\frac{2}{6}+\frac{3}{6}$

⑦ $\frac{2}{5}+\frac{1}{5}$　　⑧ $\frac{2}{9}+\frac{3}{9}$

2 えいたさんは，牛にゅうをきのう $\frac{1}{5}$L，きょう $\frac{2}{5}$Lのみました。牛にゅうを，あわせて何Lのみましたか。〔4 点〕

しき

答え（　　　　）

129 分数のたし算②

れい

$\frac{1}{4}+\frac{3}{4}=\frac{4}{4}=1$

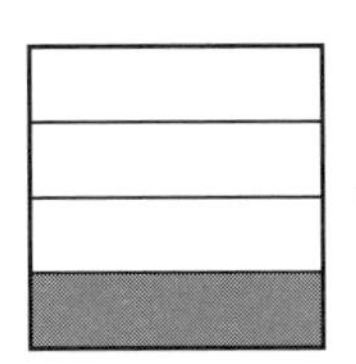 + 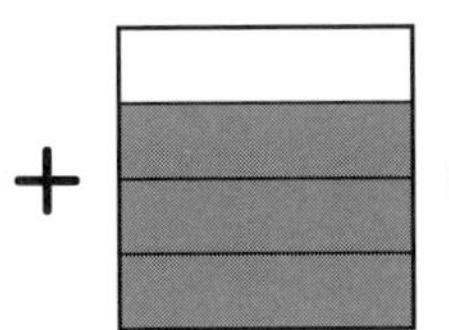 = 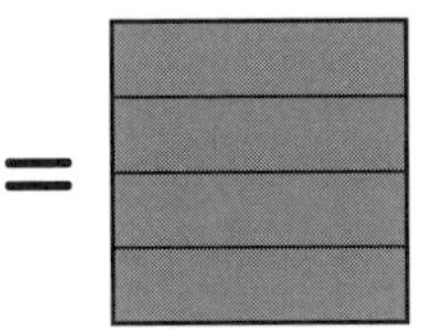

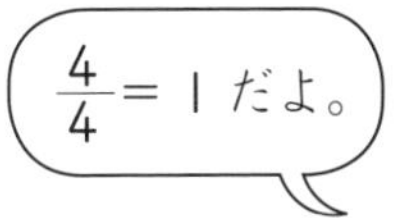

1 つぎの計算をしましょう。〔1 もん　12 点〕

① $\frac{2}{5}+\frac{3}{5}$　　② $\frac{2}{3}+\frac{1}{3}$

③ $\frac{5}{8}+\frac{3}{8}$　　④ $\frac{3}{7}+\frac{4}{7}$

⑤ $\frac{1}{9}+\frac{8}{9}$　　⑥ $\frac{5}{6}+\frac{1}{6}$

⑦ $\frac{7}{10}+\frac{3}{10}$　　⑧ $\frac{7}{8}+\frac{1}{8}$

2 赤いテープが $\frac{4}{5}$ m あります。青いテープは赤いテープより $\frac{1}{5}$ m 長いそうです。青いテープの長さは何 m ですか。〔4 点〕

しき

答え（　　　　）

130 分数のひき算①

とく点　　点

れい

$\frac{3}{4}-\frac{2}{4}=\frac{1}{4}$

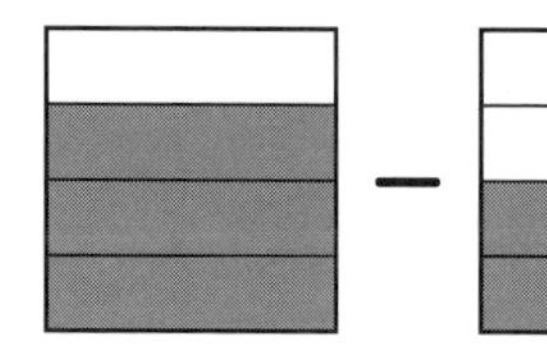

1 つぎの計算をしましょう。〔1 もん　12 点〕

① $\frac{3}{5}-\frac{1}{5}$　　② $\frac{6}{7}-\frac{4}{7}$

③ $\frac{2}{3}-\frac{1}{3}$　　④ $\frac{5}{8}-\frac{2}{8}$

⑤ $\frac{7}{9}-\frac{5}{9}$　　⑥ $\frac{9}{10}-\frac{6}{10}$

⑦ $\frac{5}{6}-\frac{4}{6}$　　⑧ $\frac{4}{7}-\frac{3}{7}$

2 びんにジュースが $\frac{7}{10}$ L 入っています。$\frac{4}{10}$ L のむと，のこりは何 L になりますか。〔4 点〕

しき

答え（　　　　）

131 分数のひき算②

れい

$1-\frac{3}{4}=\frac{1}{4}$

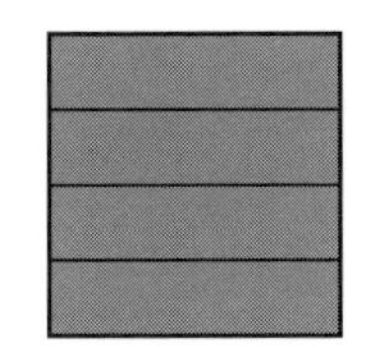
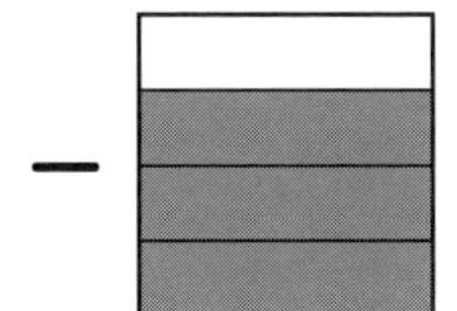
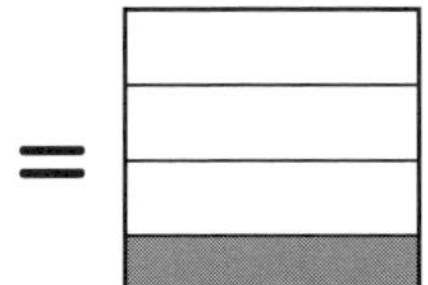
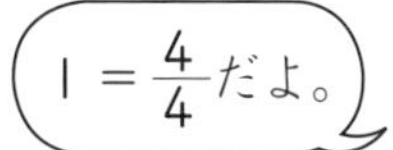

1 つぎの計算をしましょう。〔1 もん 12点〕

① $1-\frac{2}{5}$　　② $1-\frac{3}{8}$

③ $1-\frac{1}{3}$　　④ $1-\frac{4}{7}$

⑤ $1-\frac{5}{6}$　　⑥ $1-\frac{1}{9}$

⑦ $1-\frac{3}{10}$　　⑧ $1-\frac{1}{4}$

2 長さが 1m のひもがあります。だいちさんは，工作で $\frac{3}{5}$ m つかいました。ひもは，何 m のこっていますか。〔4 点〕

しき

答え（　　　　）

◆分数のたし算とひき算

132 分数のたし算とひき算のまとめ

とく点

点

1 つぎの計算をしましょう。〔1 もん　4 点〕

① $\frac{1}{6}+\frac{4}{6}$　　② $\frac{6}{10}+\frac{3}{10}$

③ $\frac{3}{4}+\frac{1}{4}$　　④ $\frac{4}{9}+\frac{5}{9}$

⑤ $\frac{2}{8}+\frac{3}{8}$　　⑥ $\frac{1}{5}+\frac{4}{5}$

2 つぎの計算をしましょう。〔1 もん　4 点〕

① $1-\frac{5}{8}$　　② $\frac{2}{4}-\frac{1}{4}$

③ $\frac{6}{7}-\frac{2}{7}$　　④ $1-\frac{9}{10}$

⑤ $\frac{4}{5}-\frac{2}{5}$　　⑥ $1-\frac{1}{6}$

ひとやすみ

◆どのきごうが入るかな？

下のように，3 つの同じ数字をつかったしきがあります。□の中には，＋，－，×，÷のどのきごうを入れたらよいでしょうか。

① 6 □ 6 □ 6 ＝ 30

② 5 □ 5 □ 5 ＝ 30

③ 33 □ 3 ＝ 30

（答えはべっさつの 16 ページ）

3 つぎの計算をしましょう。〔1 もん　4 点〕

① $1-\frac{2}{3}$

② $\frac{5}{7}+\frac{2}{7}$

③ $\frac{1}{5}+\frac{1}{5}$

④ $\frac{3}{6}-\frac{2}{6}$

⑤ $\frac{2}{8}+\frac{6}{8}$

⑥ $\frac{3}{6}+\frac{2}{6}$

⑦ $\frac{9}{10}-\frac{2}{10}$

⑧ $1-\frac{5}{7}$

⑨ $\frac{7}{9}+\frac{2}{9}$

⑩ $\frac{7}{8}-\frac{2}{8}$

⑪ $1-\frac{3}{5}$

⑫ $\frac{2}{10}+\frac{5}{10}$

4 赤いテープは $\frac{6}{10}$ m，白いテープは $\frac{9}{10}$ m あります。どちらが何 m 長いでしょうか。〔4 点〕

しき

答え（　　　　　　　　）

133 3年のまとめ①

1 つぎの計算をしましょう。 〔1 もん 3 点〕

① $\begin{array}{r} 241 \\ +357 \\ \hline \end{array}$

② $\begin{array}{r} 382 \\ +\ \ 36 \\ \hline \end{array}$

③ $\begin{array}{r} 469 \\ +172 \\ \hline \end{array}$

④ $\begin{array}{r} 833 \\ -425 \\ \hline \end{array}$

⑤ $\begin{array}{r} 417 \\ -\ \ 68 \\ \hline \end{array}$

⑥ $\begin{array}{r} 304 \\ -105 \\ \hline \end{array}$

2 つぎの計算をしましょう。 〔1 もん 3 点〕

① 18÷3　② 62÷2

③ 54÷9　④ 36÷6

⑤ 24÷6　⑥ 32÷4

3 つぎの計算をしましょう。 〔1 もん 3 点〕

① $\begin{array}{r} 46 \\ \times\ \ 3 \\ \hline \end{array}$

② $\begin{array}{r} 17 \\ \times\ \ 6 \\ \hline \end{array}$

③ $\begin{array}{r} 18 \\ \times\ \ 5 \\ \hline \end{array}$

④ $\begin{array}{r} 625 \\ \times\ \ \ \ 4 \\ \hline \end{array}$

⑤ $\begin{array}{r} 134 \\ \times\ \ \ \ 6 \\ \hline \end{array}$

⑥ $\begin{array}{r} 382 \\ \times\ \ \ \ 7 \\ \hline \end{array}$

4 つぎの計算をあん算でしましょう。 〔1 もん　3 点〕

① 59＋16　　② 37＋83

③ 62−45　　④ 100−24

5 つぎの計算をしましょう。 〔1 もん　3 点〕

① 450m＋850m

② 2km300m−700m

6 つぎの計算をしましょう。 〔1 もん　3 点〕

① 0.5＋0.7　　② 1.6＋0.8

③ 1.4−0.9　　④ 1−0.6

7 つぎの計算をしましょう。 〔1 もん　3 点〕

① $\frac{4}{9}+\frac{1}{9}$　　② $\frac{2}{5}+\frac{3}{5}$

③ $1-\frac{3}{7}$　　④ $\frac{7}{8}-\frac{4}{8}$

8 1こ45円のみかんを7こ買います。だい金は何円ですか。 〔4 点〕

しき

答え（　　　　）

134 3年のまとめ②

1 つぎの計算をしましょう。 〔1もん 3点〕

① $\begin{array}{r} 1793 \\ +\ \ 26 \\ \hline \end{array}$　② $\begin{array}{r} 365 \\ +8147 \\ \hline \end{array}$　③ $\begin{array}{r} 4109 \\ +2572 \\ \hline \end{array}$

④ $\begin{array}{r} 2004 \\ -\ \ \ 9 \\ \hline \end{array}$　⑤ $\begin{array}{r} 3000 \\ -\ \ 58 \\ \hline \end{array}$　⑥ $\begin{array}{r} 8271 \\ -3161 \\ \hline \end{array}$

2 つぎの計算をしましょう。 〔1もん 3点〕

① $13 \div 2$　② $39 \div 6$

③ $41 \div 8$　④ $27 \div 5$

⑤ $66 \div 7$　⑥ $35 \div 4$

3 つぎの計算をしましょう。 〔1もん 3点〕

① $\begin{array}{r} 24 \\ \times 36 \\ \hline \end{array}$　② $\begin{array}{r} 68 \\ \times 49 \\ \hline \end{array}$　③ $\begin{array}{r} 37 \\ \times 65 \\ \hline \end{array}$

④ $\begin{array}{r} 703 \\ \times\ \ 28 \\ \hline \end{array}$　⑤ $\begin{array}{r} 246 \\ \times\ \ 35 \\ \hline \end{array}$　⑥ $\begin{array}{r} 439 \\ \times\ \ 54 \\ \hline \end{array}$